U0835756

煤矿一般从业人员安全技术培训系列教材

矿井机械维修作业

河北省安全生产监督管理局　组织编写

煤 炭 工 业 出 版 社

· 北　　京 ·

图书在版编目（CIP）数据

矿井机械维修作业/河北省安全生产监督管理局组织编写. --北京：煤炭工业出版社，2018（2019.6 重印）

煤矿一般从业人员安全技术培训系列教材

ISBN 978-7-5020-6198-2

Ⅰ.①矿… Ⅱ.①河… Ⅲ.①煤矿机械—机械维修—安全培训—教材 Ⅳ.①TD407

中国版本图书馆 CIP 数据核字(2018)第 153158 号

矿井机械维修作业（煤矿一般从业人员安全技术培训系列教材）

组织编写 河北省安全生产监督管理局
责任编辑 徐 武
责任校对 赵 盼
封面设计 于春颖

出版发行 煤炭工业出版社（北京市朝阳区芍药居 35 号 100029）
电　　话 010-84657898（总编室） 010-84657880（读者服务部）
网　　址 www. cciph. com. cn
印　　刷 北京玥实印刷有限公司
经　　销 全国新华书店

开　　本 850mm × 1168mm 1/32 印张 5 5/8 插页 4 字数 143 千字
版　　次 2018 年 7 月第 1 版 2019 年 6 月第 4 次印刷
社内编号 20180907 定价 25.00 元

版权所有 违者必究

本书如有缺页、倒页、脱页等质量问题，本社负责调换，电话：010-84657880

编审委员会

主　任　宋文玲

副主任　张广富　张建公　杨国占　杨忠东

委　员　赵兵文　张成文　赵鹏飞　张振恩
常文杰　闫云胜　杜春艳　徐健国
王永双　邢瑞军　杨丰宝

主　编　樊书昌　李洪恩　王慧敏　李海平

副主编　高志强　王立敏　解志存　高永宝
温继满　尚文忠　翟君武

公共部分主编　温继满　王立敏

公共部分副主编　邵长丽　郭玉环　常文江

本册专业部分主编　张忠诚　邹湖萍

本册专业部分副主编　周晓玲　郝习元

前　言

为认真贯彻执行《安全生产法》《煤矿安全培训规定》等法律法规中有关煤矿安全培训的规定，全面落实应急管理部、国家煤矿安全监察局关于加强和规范煤矿企业从业人员全员培训的要求，全面提升煤矿井下从业人员素质，彻底解决多年来煤矿安全培训不到位，不适应当前煤矿安全生产工作新形势、新任务、新要求，从业人员素质不高等问题，推动煤矿安全生产标准化体系建设，进一步夯实煤矿安全生产管理基础，促进全省煤矿安全生产形势持续稳定好转，河北省安全生产监督管理局根据《中共中央　国务院关于推进安全生产领域改革发展的意见》《国务院安委会关于进一步加强安全培训工作的决定》《河北省安全生产委员会关于进一步加强安全培训工作的实施意见》和《河北省煤矿井下从业人员素质提升工程实施方案》等文件精神，组织编写了这套煤矿一般从业人员安全技术培训系列教材。

该系列教材按照"涵盖井下作业所有一般工种，作业大类包含具体岗位"的基本原则进行工种遴选和细分，共划分21个作业类别90个岗位。教材按不同工种和岗位介绍了煤矿井下从业人员的安全素质基本要求、安全技术基础知识、安全操作基本技能，并选择部分典型事故案例进行了分析，使从业人员通过学习，掌握本岗位所必须具备的基本知识，提升岗位操作人员安全意识和操作技能，增强从业人员风险辨识管控、隐患排查治理和应急处置能力。

系列教材的编写以国家最新颁布的煤矿安全生产相关法律法规、标准为依据，紧密结合煤矿井下从业人员培训大纲和考核要求，突出了“教、学、考、用”相结合，增强了标准性、科学性和新颖性；体现了针对性、实用性和可操作性。教材语言简练，通俗易懂，力求使不同地区的煤矿井下从业人员都能“看得懂，记得住，用得上”。

本套系列教材特色鲜明，富有创新，讲解细致，实用性强，贴近煤矿井下从业人员需求，适合作为煤矿安全培训和从业人员素质提升的教材在全国推广使用。

教材编写过程也是实践过程，先后有上百名培训教师、工程技术人员、安管人员和工作经验丰富的一线工人参加了收集、研讨、论证、编写及实践工作。在此，对所有参与和支持本系列教材编写的人员表示感谢。另外，在本系列教材编写过程中参考了大量文献资料，在此对其作者表示诚挚的谢意！由于时间仓促、水平有限，书中难免存在错误和不足，敬请广大读者批评指正。

编审委员会

2018 年 6 月

目　录

第一章　安全素质基本要求

第一节　安全生产方针与法律法规

一、安全生产方针

“安全第一、预防为主、综合治理”是开展安全生产工作总的指导方针，是长期实践的经验总结。这一方针反映了我们党和国家对安全生产规律的认识，是指导企业安全生产工作总的指导思想和行动准则。所以，企业必须认真贯彻落实“安全第一、预防为主、综合治理”的安全生产方针。

1.“安全第一”的含义

“安全第一”说明的是安全与生产、效益及其他活动的关系，强调在从事生产经营活动中要突出抓好安全，始终不忘把安全工作与其他经济活动同时安排、同时部署，当安全工作与其他活动发生冲突、产生矛盾时，其他活动要服从安全，绝不能以牺牲人的生命、健康，以财产损失为代价换取发展和效益。

2.“预防为主”的含义

“预防为主”就是把安全生产工作的关口前移、重心下移、超前防范，建立预教、预测、预想、预报、预警、预防的递进式、立体式事故隐患预防体系，以隐患排查治理和建设本质安全为目标，实现事故的预先防范体制，改善安全状况，预防事故发生。

3.“综合治理”的含义

“综合治理”就是综合运用法律、经济、行政等手段，人管、法管、技防等多管齐下，并充分发挥社会、职工、舆论的监督作用，从责任、制度、培训等多方面着力，形成标本兼治、齐抓共管的格局。

4.“安全第一”“预防为主”“综合治理”之间的关系

“安全第一、预防为主、综合治理”是一个完整的体系，是相辅相成、辩证统一的整体。“安全第一”是原则，“预防为主”是手段，“综合治理”是方法。“安全第一”是预防为主、综合治理的灵魂，“预防为主”是实现安全生产的根本途径。只有把安全生产的重点放在建立事故预防体系上，超前采取措施，才能有效防止和减少事故。“综合治理”是安全生产保障，只有采取综合治理，才能实现人、机、物、环的统一，实现本质安全，真正把“安全第一、预防为主”落到实处。

二、煤矿安全生产相关法律法规

我国以《安全生产法》作为安全生产的基本法律，建立了包括相关法律、行政法规、部门规章等的安全生产法律法规体系，促进了安全生产管理工作的规范化、制度化和科学化。与煤矿安全生产相关的法律法规见表1-1。

表1-1　煤矿安全生产相关的法律法规

序号	名称	制定机关	主　要　法　规	备注
1	法律	全国人民代表大会及其常务委员会	《刑法》《安全生产法》《矿山安全法》《矿产资源法》《煤炭法》《职业病防治法》《劳动法》《劳动合同法》等	

表 1-1（续）

序号	名称		制定机关	主要法规	备注
2	法规	行政法规	国务院	《工伤保险条例》《国务院关于特大安全事故行政责任追究的规定》《国务院关于预防煤矿生产安全事故的特别规定》《生产安全事故报告和调查处理条例》等	
		地方性法规	地方人民代表大会及其常务委员会	《河北省安全生产条例》《河北省矿产资源管理条例》等	
3	规章	行政规章	国务院所属部委	《煤矿安全规程》《矿山救护规程》《生产经营单位安全培训规定》《煤矿安全培训规定》《特种作业人员安全技术培训考核管理办法》《安全生产违法行为行政处罚办法》等	
		地方性规章	地方政府所属部门	《河北省煤矿防治水管理办法》《河北省煤炭经营监督管理实施细则》等	
4	标准	国家标准（GB）	国务院标准化行政主管部门	《安全标志及使用导则》（GB 2894—2008）、《矿山安全标志》（GB 14161—2008）等	
		行业标准（AQ、MT等）	国务院有关行政主管部门	《矿井瓦斯等级鉴定规范》（AQ1025—2006）、《煤矿井工开采通风技术条件》（AQ1028—2006）、《煤矿井下安全标志》（AQ1017—2005）等	

表1-1(续)

序号	名称	制定机关	主 要 法 规	备注
5	规范性文件		《关于加强煤矿班组安全生产建设的指导意见》等	

第二节　从业人员安全生产的权利与义务

《安全生产法》等法律法规，赋予了广大生产经营单位从业人员安全生产的权利；从业人员在享有安全生产权利的同时，也必须依法履行安全生产的义务。

一、从业人员安全生产的权利

1. 劳动保护和提请劳动争议处理权

生产经营单位与从业人员订立的劳动合同，应当载明有关保障从业人员劳动安全、防止职业危害的事项，以及依法为从业人员办理工伤保险的事项。

生产经营单位不得以任何形式与从业人员订立协议，免除或者减轻其对从业人员因生产安全事故伤亡依法应承担的责任。

当职工的劳动保护权益受到伤害，或者与用人单位因劳动保护问题发生纠纷时，有向有关部门提请劳动争议处理的权利。

2. 安全生产知情权

生产经营单位的从业人员有权了解其作业场所和工作岗位存在的危险因素、防范措施及事故应急措施，有权对本单位的安全生产工作提出建议。

3. 安全生产监督权

从业人员有权对企业贯彻、落实党和国家安全生产方针的情况，有关安全生产法规及管理制度的执行情况，管理人员指挥行为、作业环境的安全情况，安全技术措施专项费用使用情况进行监督。

4. 职业健康防治权

从事接触职业危害因素或可能导致职业病作业的职工，有权获得职业健康检查并了解检查结果。被诊断为患有职业病的职工有依法享受职业病待遇，接受治疗、康复和定期检查的权利。

从业人员离开企业时，有权索取本人职业健康监护档案复印件，企业必须如实、无偿提供，并在所提供的复印件上签字盖章。

5. 拒绝违章指挥权

从业人员有权拒绝违章指挥和强令冒险作业。生产经营单位不得因从业人员拒绝违章指挥、强令冒险作业而降低其工资、福利等待遇或者解除与其订立的劳动合同。

6. 停止作业避险权

从业人员发现直接危及人身安全的紧急情况时，有权停止作业或者在采取相应的应急措施后撤离作业场所。

生产经营单位不得因从业人员在前款紧急情况下停止作业或者采取紧急撤离措施而降低其工资、福利等待遇或者解除与其订立的劳动合同。

7. 工伤保险和民事索赔权

用人单位应当依法为从业人员办理工伤保险，缴纳工伤保险费。因生产安全事故受到损害的从业人员，除依法享有工伤保险外，依照有关民事法律尚有获得赔偿权利的，有权向本单位提出赔偿要求。

8. 批评、检举和控告权

从业人员有权对本单位安全生产工作中存在的问题提出批评、检举、控告。生产经营单位不得因从业人员对本单位安全生产工作提出批评、检举、控告而降低其工资、福利等待遇或者解除与其订立的劳动合同。

二、从业人员安全生产的义务

1. 遵守安全生产规章制度和操作规程的义务

从业人员在作业过程中，应当严格遵守本单位的安全生产规章制度和操作规程，服从管理。

2. 正确佩戴和使用劳动防护用品的义务

用人单位必须为从业人员提供符合国家或行业标准的劳动防护用品，从业人员在作业过程中有义务正确佩戴和使用劳动防护用品。

3. 发现事故隐患及时报告并参加抢险救灾的义务

从业人员发现事故隐患或者其他不安全因素，应当立即向现场安全生产管理人员或者本单位负责人报告；接到报告的人员应当及时予以处理。

4. 接受安全生产培训教育的义务

从业人员应当接受安全生产教育和培训，掌握本职工作所需的安全生产知识，提高安全生产技能，增强事故预防和应急处理能力。

第三节　煤矿从业人员入井常识

一、煤矿从业人员入井须知

1. 入井人员的基本条件

根据有关法律法规的规定，煤矿井下从业人员必须符合下列基本条件：

(1) 身体健康，无职业禁忌证。

凡是有下列病症的不得从事煤矿井下作业：①活动性肺结核和肺外结核病；②严重的上呼吸道或支气管疾病；③显著影响肺功能的肺脏或胸膜病变；④心血管器质性疾病；⑤经医疗鉴定，

不适于从事粉尘作业的其他疾病；⑥风湿病；⑦严重的皮肤病；⑧癫痫病；⑨精神分裂症；⑩经医疗鉴定，不适于从事井下工作的其他疾病。

（2）年满 18 周岁且不超过国家法定退休年龄。

（3）具有初中及以上文化程度。

2. 煤矿入井人员行为规范

作为煤矿从业人员，无论从事什么工作，只要入井就必须遵守入井的基本行为规范，以保证自己和他人的安全。

（1）入井（场）前严禁饮酒，入井（场）人员必须佩戴安全帽等个体防护用品，穿带有反光标识的工作服。

（2）入井人员必须随身携带自救器、标识卡和矿灯，严禁携带烟草和点火物品，严禁穿化纤衣服。

（3）煤矿作业人员必须熟悉应急救援预案和避灾路线，具备自救互救和安全避险知识。井下作业人员必须熟练掌握自救器和紧急避险设施的使用方法。

（4）对作业场所和工作岗位存在的危险有害因素及防范措施、事故应急措施、职业病危害及其后果、职业病危害防护措施等，煤矿企业应当履行告知义务，从业人员有权了解并提出建议。

（5）所有入井人员必须遵守《煤矿安全规程》、作业规程、操作规程的相关规定，经过安全培训并考核合格，持有相应资格证后方可入井。

（6）入井人员下井前，要休息好，做到心情愉快，保持精力旺盛。

（7）乘坐罐笼上下井时，要遵守乘坐罐笼的有关规定，服从指挥，按次序排队上下罐笼，不得拥挤、打闹和摘掉安全帽。

（8）乘车时只准乘坐专门的人车，必须遵守乘车规定，严禁在车辆行走中登车、扒车、跳车等。

（9）在大巷行走时，要精神集中，注意来往车辆，过交叉道口要做到“一停、二看、三通过”。

二、煤矿井下避险

1. 安全出口

《煤矿安全规程》规定：每个生产矿井必须至少有 2 个能行人的通达地面的安全出口，各出口间距不得小于 30 m。

井下每一个水平到上一个水平和各个采（盘）区都必须至少有 2 个便于行人的安全出口，并与通达地面的安全出口相连。未建成 2 个安全出口的水平或者采（盘）区严禁回采。

井巷交叉点，必须设置路标，标明所在地点，指明通往安全出口的方向。

通达地面的安全出口和 2 个水平之间的安全出口，倾角不大于 45°时，必须设置人行道，并根据倾角大小和实际需要设置扶手、台阶或者梯道。倾角大于 45°时，必须设置梯道间或者梯子间，斜井梯道间必须分段错开设置，每段斜长不得大于 10 m；立井梯子间中的梯子角度不得大于 80°，相邻 2 个平台的垂直距离不得大于 8 m。

2. 井下安全避险系统

煤矿井下安全避险六大系统包括：矿井监测监控系统、井下人员定位系统、井下紧急避险系统、矿井压风自救系统、矿井供水施救系统和矿井通信联络系统。

矿井监测监控系统实现对煤矿井下瓦斯、一氧化碳浓度、温度、风速的动态监控，完善了紧急情况下及时断电撤人制度；人员定位系统可准确掌握各个区域作业人员的情况；避难硐室等紧急避险系统实现井下灾害突发时的安全避险；压风自救系统确保灾变时现场作业人员有充足的氧气供应；供水施救系统在灾变后为井下作业人员提供清洁水源或必要的营养液；通信联络系统实现井上井下和各个作业地点通信通畅。

所有井工煤矿必须按规定建设完善煤矿安全避险六大系统，入井人员必须熟悉煤矿安全避险六大系统设置情况及其使用方法。

3. 煤矿井下避灾路线

根据煤矿不同的灾变和灾害发生地点而制定的能使井下人员用尽量短的时间、从最近的距离撤到安全地点的路线，称为避灾路线。

最佳的避灾路线必须满足三个条件：一是适合不同类型的灾害事故；二是安全条件好；三是撤离时间最短。

井下所有工作地点必须设置灾害事故避灾路线。避灾路线指示应当设置在不易受到碰撞的显著位置，在矿灯照明下清晰可见，并标注所在位置。巷道交叉口必须设置避灾路线标识。

巷道内设置标识的间隔距离：采区巷道不大于 200 m，矿井主要巷道不大于 300 m。

从事煤矿井下作业人员必须熟知避灾路线，以便发生灾害事故时能够安全撤离。

三、安全标志

安全标志是指井下悬挂或张贴的图文标志，目的在于警示入井人员注意不安全因素，预防事故的发生。2006 年 3 月 1 日施行的《煤矿井下安全标志》（AQ 1017—2005）中规定：煤矿井下安全标志分为主标志和文字补充标志两类。

主标志由安全色、几何图形和图形符号构成，用以表达特定的安全信息。文字补充标志是主标志文字说明或方向指示，它只能与主标志同时使用。

安全色是表达安全信息含义的颜色。安全色分为红、黄、蓝、绿四种颜色，分别表示禁止或停止、警告或注意、指令、提示或通行等。

对比色是使安全色更加醒目的反衬色。红、蓝、绿对比色为白色，黄色的对比色为黑色。

安全标志按其使用功能可分为四类，即禁止标志，警告标志，指令标志，路标、名牌、提示标志。

（1）禁止标志是禁止或制止人们某种行为的标志。禁止标志白底、红圈、红斜杠、黑图形符号。煤矿井下常用的禁止标志及设置地点见附表1(见文后彩页)。

（2）警告标志是警告人们可能发生危险的标志。警告标志的基本图形为等边三角形，顶角朝上。警告标志为黄底、黑边、黑图形。煤矿井下常用的警告标志及设置地点见附表2(见文后彩页)。

（3）指令标志是指示人们必须遵守某种规定的标志。指令标志的基本形状为圆形，指令标志为蓝底、白图形。煤矿常用的指令标志及设置地点见附表3(见文后彩页)。

（4）路标、名牌、提示标志是告诉人们目标、方向、地点的标志。其基本形状为长方形，其为绿底（红底或黄底)、白图案（黑图案)、白字或黑字。煤矿井下常用的路标、名牌、提示标志及设置地点见附表4(见文后彩页)。

第四节　劳动保护制度

劳动保护是国家和单位为保护劳动者在劳动生产过程中的安全和健康所采取的立法、组织和技术措施的总称。劳动保护是根据国家法律、法规，依靠技术进步和科学管理，采取组织措施和技术措施，消除危及人身安全健康的不良条件和行为，防止事故和职业病发生，保护劳动者在劳动过程中的安全与健康。根据《劳动法》的规定，劳动保护制度主要包括以下内容。

一、劳动安全卫生制度

劳动安全卫生保护的内容十分广泛，且不同行业有着不同的重点和差别，《劳动法》在第六章规定了劳动安全卫生制度的基本内容。

（1）用人单位必须建立、健全劳动安全卫生制度，严格执行国家劳动安全卫生规程和标准，对劳动者进行劳动安全卫生教育，防止劳动过程中事故发生，减少职业危害。

（2）劳动安全卫生设施必须符合国家规定的标准。

实行新建、改建、扩建工程的劳动安全卫生设施与主体工程同时设计、同时施工、同时投入生产和使用的“三同时”制度。

（3）用人单位必须为劳动者提供符合国家规定的劳动安全卫生条件和必要的劳动防护用品，对从事有职业危害作业的劳动者应当定期进行健康检查。

（4）从事特种作业的劳动者必须经过专门培训并取得特种作业资格。

（5）劳动者在劳动过程中必须严格遵守安全操作规程。

（6）劳动者对用人单位管理人员违章指挥、强令冒险作业，有权拒绝执行；对危害生命安全和身体健康的行为，有权提出批评、检举和控告。

（7）国家建立伤亡事故和职业病统计报告和处理制度。县级以上各级人民政府劳动行政部门、有关部门和用人单位应当依法对劳动者在劳动过程中发生的伤亡事故和劳动者的职业病状况，进行统计、报告和处理。

二、工作时间和休息休假制度

（1）国家实行劳动者每日工作时间不超过 8 h、平均每周工作时间不超过 44 h 的工时制度。

（2）对实行计件工作的劳动者，用人单位应当根据上一条规定的工时制度合理确定其劳动定额和计件报酬标准。

（3）用人单位应当保证劳动者每周至少休息 1 日。

（4）企业因生产特点不能实行上述规定的，经劳动行政部门批准，可以实行其他工作和休息办法。

（5）用人单位在下列节日期间应当依法安排劳动者休假：

元旦、春节、国际劳动节、国庆节，以及法律、法规规定的其他休假节日等。

(6) 用人单位由于生产经营需要，经与工会和劳动者协商后可以延长工作时间，一般每日不得超过 1 h；因特殊原因需要延长工作时间的，在保障劳动者身体健康的条件下延长工作时间每日不得超过 3 h，且每月不得超过 36 h。

(7) 有下列情形之一的，延长工作时间不受上一条的限制：

①发生自然灾害、事故或者因其他原因，威胁劳动者生命健康和财产安全，需要紧急处理的。

②生产设备、交通运输线路、公共设施发生故障，影响生产和公众利益，必须及时抢修的。

③法律、行政法规规定的其他情形。

(8) 用人单位不得违反《劳动法》规定延长劳动者的工作时间。

(9) 有下列情形之一的，用人单位应当按照下列标准支付高于劳动者正常工作时间工资的工资报酬：

①安排劳动者延长工作时间的，支付不低于工资的 150% 的工资报酬。

②休息日安排劳动者工作又不能安排补休的，支付不低于工资的 200% 的工资报酬。

③法定休假日安排劳动者工作的，支付不低于工资的 300% 的工资报酬。

(10) 国家实行带薪年休假制度。

劳动者连续工作 1 年以上的，享受带薪年休假。具体办法由国务院规定。

第五节　安全意识与“三违”

安全意识就是人们头脑中建立起来的生产必须安全的观念，也就是人们在生产活动中各种各样有可能对自己或他人造成伤害的外在环境条件下的一种戒备和警觉的心理状态。只有具备良好的安全意识才能杜绝“三违”，也才能保证企业的安全生产。

一、“三违”的含义

“三违”是指违章指挥、违章操作、违反劳动纪律。“三违”是安全生产工作的大忌，也是几十年来努力根除的目标。

(1) 违章指挥：是指违反国家的安全生产方针、政策、法律、条例、规程、标准、制度及生产经营单位的规章制度和技术方案的指挥行为。

(2) 违章操作：是指在劳动过程中违反国家法律法规和生产经营单位制定的各项规章制度，包括工艺技术、生产操作、劳动保护、安全管理等方面的规程、规则、章程、条例、办法和制度，以及有关安全生产的通知、决定等。

(3) 违反劳动纪律：是指在劳动生产过程中，违反为维护生产秩序而制定的要求每个员工遵守的规章制度的行为。劳动纪律是多方面的，它包括组织纪律、工作纪律、技术纪律及规章制度等。

二、“三违”的危害

“三违”是一种长期沿袭下来的违章行为，它实质上是一种违反安全生产客观规律的盲目行为，或缺乏认识，或随心所欲，但都习以为常，习惯成自然。违章的人在主观上并不认为自己的行为是违章，相反却认为自己有实践经验，自己是正确的。因此，对安全生产危害极大。安全事故与“三违”有着直接联系。据多年来的统计，90%以上的煤矿生产安全事故均是由“三违”造成的。职工队伍中的有些人，由于综合素质不高、安全意识不强、法制观念淡薄，“三违”现象时有出现，屡禁不绝，严重地威胁了矿井的正常生产和矿工的生命安全，甚至造成了矿井的惨重灾难，其影响极坏、危害极大。因此，对“三违”的现象和行为，绝不能宽恕、忽视和放任。只有杜绝“三违”，才能确保矿井的安全生产。

三、“三违”常见的表现形式

1. 常见的违章指挥行为

不按照安全生产责任制有关本职工作规定履行职责；不按规定对员工进行安全教育培训，强令员工冒险违章作业；不按照规定审查、批准技术方案和安全措施；不认真执行企业发布的管理程序；新建、改建、扩建项目，不执行“三同时”的规定，不履行审批手续；对已发现的事故隐患，不及时采取措施，放任自流等。

2. 常见的违章操作行为

不按规定正确佩戴和使用劳动防护用品；发现设备或安全防护装置缺损，不向领导反映，继续操作；不执行规定的安全防范措施，对违章指挥盲目服从，不加抵制；不按操作规程、工艺要求操作设备；忽视安全，忽视警告，冒险进入危险区域。

3. 常见违反劳动纪律的表现

迟到、早退、中途溜号；工作时间干私活、办私事；上班注意力不集中、消极怠工；工作中不服从分配，不听从指挥；无理取闹、纠缠领导、影响正常工作；私自动用他人工具、设备；不遵守各项规章制度，违反工艺流程和操作规程等。

四、“三违”现象产生的主观原因

(1) 自负心理：自认为自己控制力强，对作业环境和条件变化能够掌握，偶尔违章不会出事。

(2) 麻痹心理：安全生产形势较为稳定的情况下，不自觉地松懈下来，把规程措施抛至脑后。

(3) 习惯心理：由于工作内容和形式单一，凭经验靠惯性作业，不去想是否违规，是否符合措施要求。

（4）马虎心理：粗枝大叶，作业时注意力不集中，应付了事，结果发生意想不到的事故。

（5）蛮干心理：不顾作业场所有没有安全隐患，发现了隐患也不处理，野蛮操作，最终导致事故发生。

（6）厌倦心理：工作热情不高，安全意识不强，工作完全处于应付状态。

（7）唯心心理：文化程度较低的职工，抱着“是福不是祸，是祸躲不过”的错误想法。

五、提升安全意识，杜绝“三违”

1. 加强学习，端正态度，提高认识

要自觉学习安全法律法规和相关安全标准、规范，掌握本职工作所需的安全操作规程，通过学习，增强法律意识，提高操作技能。端正工作态度，不断提高对安全生产重要性的认识。

2. 积极参加安全培训，提升自我防护能力

作为煤矿从业人员，必须积极参加本单位组织的安全知识和专业技能的培训及各项安全活动，提高安全意识、操作水平，不断提升自我防护能力。

3. 自觉养成安全行为习惯，杜绝违章行为

自觉遵守本单位的各项安全生产规章制度；上岗前和工作时间绝不饮酒；主动了解本岗位的危险危害因素；绝不擅自拆除或移动安全装置和安全标志；绝不擅自触摸与自己无关的设备、设施；正确佩戴和使用劳动防护用品。做到“不伤害自己，不伤害他人，不被他人伤害，保护他人不被伤害”。

4. 虚心接受他人的监督

服从管理人员管理与指挥，虚心接受他人的监督与意见，积极改正工作中的错误，不断提高自身素质。

5. 勇于监督他人的违章行为

在接受他人监督的同时，勇于监督他人违章行为，自己不违章，也绝不允许他人违章。

第六节 矿井灾害防治与应急避险

一、顶板灾害防治与应急避险

顶板事故是指在井下建设、生产过程中，顶板意外冒落、垮塌，造成人员伤亡、设备损坏、生产中止等的事故，是煤矿生产的主要灾害之一。

（一）顶板冒落的预防

（1）采取有效的支护措施。

（2）及时处理局部漏顶，以免引起大范围冒顶。

（3）坚持敲帮问顶制度。在进入采掘工作面装煤、支护前，要敲帮问顶，处理已离层的顶板，如果处理不下来，要用点柱先支撑。

（4）严格按照规程作业。严禁空顶作业，所有支架必须架设牢固，并有防倒柱措施，严禁在浮煤或浮矸上架设支架。

（二）顶板冒落的预兆

（1）响声。岩层下沉断裂、顶板压力急剧加大时，支架会发生很大声响；有时也能听到采空区内顶板发出断裂的闷雷声。

（2）掉碴。顶板岩石已有裂缝和碎块，其中小矸石稍受震动就掉落。

（3）片帮。冒顶前煤壁所受压力增加，变得松软，片帮煤比平时多。

（4）漏顶。破碎的伪顶或直接顶，在大面积冒顶以前，有时因为背顶不严或支架不牢而出现漏顶。

（5）裂缝。顶板的裂缝张开，裂缝增多。

(6) 脱层（离层）。检查顶板是否脱层要用“敲帮问顶”的方法，如果声音清脆，表明顶板完好；如果顶板发出“空空”的响声，说明上下岩层已经脱离。

(7) 瓦斯涌出量突然增大。

(8) 顶板淋水增大。

(三) 发生冒顶事故时的应急避险

(1) 迅速撤离。当发现工作地点有即将发生冒顶的征兆而当时又难以采取措施防止顶板冒落时，要迅速离开危险区，撤退到安全地点。

(2) 及时躲避。当冒顶发生又来不及撤至安全地点时，应靠煤帮贴身站立避灾，但要注意煤壁片帮伤人；如靠近木垛，也可撤至木垛处避灾。

(3) 立即求救。冒落基本稳定后，遇险人员应立即采用呼叫、敲、打（不要敲打对自己有威胁的支架、物料和岩块）等方法，发出有规律、不间断的求救信号，以便撤离的人员了解灾情，组织力量进行抢救。

(4) 自救和互救。事故发生后，遇险人员要听从灾区班组长和有经验的老工人的指挥，在保证安全的前提下，积极开展自救和互救。正视已发生的灾害，注意保持自己的体力，未受伤和受轻伤人员，要采取切实可行的措施设法营救被掩埋人员，并尽可能脱离险区或转移到较安全地点等待救援。

(5) 配合营救。发生冒顶埋人事故时，被埋压的人员不要惊慌失措，切忌猛烈挣扎；被隔堵的人员应在遇险地点维护好自身安全，构筑脱险通道，配合外部的营救工作。

二、矿井水灾防治与应急避险

矿区内大气降水、地表水、地下水通过各种通道涌入井下，成为矿井涌水。当矿井涌水量超过矿井正常排水能力时即会发生水患，称为矿井水灾，通常也称为透水。

形成水害的前提是必须有水源和通道。矿井水的来源主要为地表水、地下水、老空水、断层水。

(一) 矿井水灾预防

防治水工作要坚持以防为主，防治结合以及当前和长远、局部与整体、地面与井下、防治与利用相结合的原则；坚持“预测预报、有疑必探、先探后掘、先治后采”十六字方针；落实“防、堵、疏、排、截”五项措施，根据不同的水文地质条件，采用不同的防治方法，因地制宜，统一规划，综合治理。

(1) 严格按照规定留设防隔水煤（岩）柱。

(2) 在必要的地点设置截水建筑物，如防水闸门和防水闸墙。

(3) 建立完善的井下排水系统。

(4) 严格按照有关规定进行矿井探放水。

(二) 发生透水事故的预兆

(1) 挂红。在煤（岩）裂隙表面附着有暗红色的水锈。

(2) 挂汗。煤（岩）壁上凝结有水珠，说明此时巷道接近积水区。但有时空气中的水分遇到低温煤（岩）壁也会挂汗，这是一种假象。所以，遇到挂汗时，要辨别真伪，其辨别方法是剥去一薄层，观察新暴露面是否也有潮气，若有则是透水预兆。

(3) 煤壁变冷。工作面接近大量积水时，气温骤降，煤壁发凉，人一靠近就有阴冷的感觉，时间越长越感到阴凉。

(4) 出现雾气。当巷道温度很高时，积水渗到煤壁后引起蒸发而形成雾气。

(5) 水叫。采煤工作面若在煤壁、岩层内听到“吱吱”声，这时必须立即发出警报，撤出所有受水威胁的人员。

(6) 顶板淋水加大。这表明已接近积水区。

(7) 顶板来压，底板鼓起。

(8) 水色发浑，有臭味。这是接近老空区积水的征兆。

(9) 工作面有害气体增加。积水区向外散发出瓦斯、二氧化碳和硫化氢等有害气体。

(10) 裂缝出现渗水。如果出水清净，则离积水区较远；若出水混浊，则离积水区已近。

(三) 矿井发生突水事故时的应急避险

矿井发生突水事故时，要根据灾情迅速采取以下有效措施进行紧急避险：

(1) 在突水迅猛、水流急速的情况下，现场人员应立即避开出水口和泄水流，躲避到硐室内、拐弯巷道或其他安全地点。如情况紧急来不及转移躲避时，可抓牢棚梁、棚腿或其他固定物体，防止被涌水打倒和冲走。

(2) 当老空水涌出，使所在地点有毒有害气体浓度增高时，现场职工应立即佩戴好隔离式自救器。在未确定所在地点空气成分能否保证人员生命安全时，禁止任何人随意摘掉自救器的口具和鼻夹，以避免中毒窒息事故发生。

(3) 井下发生突水事故后，绝不允许任何人以任何借口在不佩戴防护器具的情况下冒险进入灾区。否则，不仅达不到抢险救灾的目的，反而会造成自身伤亡、扩大事故。

(4) 水害事故发生后，现场及附近地点工作的人员在脱离危险后，应在可能情况下迅速观察和判断突水的地点、涌水的程度、现场被困人员的情况等，并立即报告矿井调度。同时，应利用电话或其他联络方式及时向下部水平和其他可能受威胁区域的人员发出警报。

(四) 发生突水事故后撤离现场时应注意的事项

如因涌水来势凶猛、现场无法抢救或者将危及人员安全时，井下职工应沿着规定的避灾路线和安全通道迅速撤退到上部水平或地面。在行动中应注意下列事项：

(1) 撤离前，应当设法将撤退的行动路线和目的地告知矿井负责人。

(2) 透水后，应在可能的情况下，迅速观察和判断透水的地点、水源、涌水量、发生的原因、危害程度等情况，根据预防水灾的避灾路线迅速撤至透水地点以上的水平，而不能进入突水点附近及下方独头巷道。

(3) 行进中应靠近巷道一侧，抓牢支架或其他固定物体，尽量避开压力水头和泄水主流，并注意防止被水中滚动的矸石和木料撞伤。

(4) 如透水破坏了巷道中的照明装置和路标，迷失行进方向时，遇险人员应朝着有风流通过的上山巷道方向撤退。

(5) 在撤退沿途和所经过的巷道交叉口，应留设指示行进方向的明显标志，以提示救护人员注意。

(6) 人员撤退到立井，人员需从梯子间上去时，应遵守秩序，不要慌乱和争抢。行动中手要抓牢，脚要蹬稳，切实注意自己和他人安全。

(7) 撤退中，如唯一出口被堵塞无法撤退时，应有组织地在独头工作面躲避，等待救护人员营救，严禁盲目潜水等冒险行为。

(8) 被困期间断绝食物后，即使在饥饿难忍的情况下，也应努力克制自己，绝不嚼食杂物充饥。需要饮用井下水时，选择适宜的水源，并用纱布或衣服过滤。

(9) 长时间被困井下，发现救护人员到来营救时，不可过度兴奋和慌乱。

三、矿井火灾防治与应急避险

凡发生在井下的火灾及发生在井口附近但危害到井下安全的火灾，都叫作矿井火灾。发生矿井火灾的原因有两种：一是外部火源引起的火灾，二是煤炭本身的物理化学性质等内在因素引起的火灾。因此，矿井火灾分为两类：外因火灾和内因火灾。

外因火灾，又称外源火灾。违章在井下吸烟，在井下拆卸矿灯、裸露爆破、电焊、气焊等，都可能引起井下火灾。内因火灾，又称煤炭自燃。

（一）煤炭自燃的初期预兆

煤矿内的火灾事故隐患主要表现为煤炭自然发火。煤炭自燃的初期预兆有如下几种：

（1）巷道内湿度增加，出现雾气、水珠。煤炭氧化初期生成水分，往往使巷道内湿度增加，出现雾气或在巷道壁上挂有水珠；浅部开采时，冬季在地面钻孔或塌陷处会发现冒出水蒸气或冰雪融化现象。

（2）煤炭自燃发出焦油味。煤炭从“发烧”（自热）到自燃过程中，氧化时会产生多种碳氢化合物，并发出煤油味、汽油味、松节油味或焦油味等。当嗅到这些气味时，说明煤已自燃到了一定程度。

（3）巷道内发热，温度升高。煤炭氧化自燃过程中要释放出大量热量。因此，从自然发火的地方出来的水和空气的温度比平时要高，人的皮肤可以直接感觉到。

（4）人有疲劳感。煤炭氧化自燃过程中，会放出有害气体，如二氧化碳、一氧化碳、二氧化硫等。这些有害气体会使人头痛、闷热、精神不振、不舒服，有疲劳感。尤其是多数人有同感时，应提高警惕，查明原因，以防矿井火灾的发生。

（二）井下火灾的灭火方法

煤矿灭火方法有直接灭火、隔绝灭火和封闭火区的方法。

1. 直接灭火

（1）采用灭火剂或挖出火源等方法把火直接扑灭，称为直接灭火法。常用的灭火剂有水、泡沫、干粉、二氧化碳、四氯化碳、卤代烷、惰气、砂子和岩粉等。

①水。水是不燃液体，是消防上常用的灭火剂之一。使用方法有水射流和水幕两种形式。

②泡沫。泡沫是一种体积小，表面被液体围成的气泡群。泡沫的比重小，且流动性好，可实现远距离立体灭火，具有持久性

和抗燃烧性，导热性能低，黏着力大。

③干粉。干粉灭火剂是目前公认的灭火效力较高的一种新型化学灭火剂，应用范围比较广泛。

④卤代烃灭火剂。常用的卤代烃灭火剂是用氟、氯、溴取代甲烷和乙烷中的氢而成，因此也叫卤代烷灭火剂。

⑤砂子和岩粉。砂子和岩粉在煤矿广泛应用于扑灭电气火灾。

（2）消除可燃物。

直接灭火除了向火源喷射灭火剂以外，在有些条件下还可以清除可燃物，消除燃烧的物质基础。煤矿常用的是挖除火源。

（3）用凝胶处理高温点和自燃火源。

凝胶是近年来应用于煤矿井下防灭火较为广泛的材料，由基料［硅酸盐（水玻璃）］+促凝剂（碳酸氢氨等盐类）+水（90%左右）组成。

（4）灌浆灭火。

灌浆灭火是煤矿井下常用的一种灭火方法。灌浆灭火的方法因火源位置而异。常用的方法有：井下巷道（钻窝）打钻灌浆、在火区密闭墙上插管灌浆和地面钻孔注浆3种。

2. 隔绝灭火

当对火源不能直接将火扑灭时，为了迅速控制火势，使其熄灭，可在通往火源的所有巷道内砌筑密闭墙，使火源与空气隔绝。

3. 封闭火区的方法

封闭火区的方法分为3种。

（1）锁风封闭火区。

从火区的进回风侧同时密闭，封闭火区时不保持通风。这种方法适用于氧浓度低于瓦斯爆炸界限（<12%）的火区。

（2）通风封闭火区。

在保持火区通风的条件下，同时构筑进回风两侧的密闭。

(3) 注惰封闭火区。

(三) 用水直接灭火时注意事项

用水灭火，适用于火势不大，范围较小的火灾。但应注意以下问题。

(1) 应有足够的水源和水量。少量的水在高温下可以分解成具有爆炸性的氢气和助燃的氧气。

(2) 灭火人员一定要站在火源的上风侧，并应保持正常通风，回风道要畅通，以便将火烟和水蒸气引入回风道中排出。

(3) 应从火焰四周开始灭火，逐步移向火源中心，千万不要直接把水喷在火源中心，防止大量蒸汽和炽热煤块抛出伤人，也避免高温火源使水分分解成氢气和氧气。

(4) 随时检查火区附近的沼气浓度。《煤矿安全规程》规定，在抢救人员和灭火工作时，必须指定专人检查瓦斯、一氧化碳、煤尘、其他有害气体和风流的变化，还必须采取防止瓦斯爆炸和人员中毒的安全措施。

(5) 电气设备着火以后，应首先切断电源。在电源未切断时，只能使用不导电的灭火器材，如用砂子、岩粉和四氯化碳灭火器进行灭火。否则，未断电源直接用水灭火，水能导电，火势将更大，并危及救火队员的安全。

(6) 水不能用来扑灭油料火灾。油比水轻，而且不易与水混合，可以随水流动而扩大火灾面积。

(四) 灭火器的使用方法及注意事项

1. 灭火器的使用方法

正确使用灭火器的四字口诀："拔、握、瞄、扫"。"拔"，即拔掉插销；"握"，即迅速握住瓶把及橡胶软管；"瞄"，即瞄准火焰根部；"扫"，即扫灭火焰部位。用手握住灭火器的提把，平稳、快捷地提往火场。在距离燃烧物 5 m 左右地方，拔出保险销。一手握住开启压把，另一手握住喷射喇叭筒，喷嘴对准火源。喷射时，应采取由近而远、由外而里的方法。

泡沫灭火器适宜扑灭油类及一般物质的初期火灾；二氧化碳灭火器适宜扑灭精密仪器、电子设备以及600 V以下的电器初期火灾；干粉灭火器适宜扑灭油类、可燃气体、电气设备等初期火灾。

2. 注意事项

(1) 灭火时，人应站在上风处。

(2) 不要将灭火器的盖与底对着人体，防止盖、底弹出伤人。

(3) 不要与水同时喷射在一起，以免影响灭火效果。

(4) 扑灭电器火灾时，应先切断电源，防止人员触电。

(5) 持喷筒的手应握在胶质喷管处，防止冻伤。

(五) 火灾事故的应急避险

(1) 井下若发现烟气或明火等火灾灾情，应立即通知在附近工作的人员。

(2) 如果火灾不大，应立即组织力量扑灭。

(3) 如果火灾范围大或是火势凶猛，则应在撤出灾区人员、保证自身安全的前提下，采取稳定风流、控制火势发展、防止人员中毒和预防瓦斯或煤尘爆炸的措施，并随时保持与地面指挥部的联系，根据指挥部的命令行事。

(4) 见到火或突然接到火警通知，需要立即撤退人员，要在判明灾情和自己实际处境以及应采取的应急措施的前提下再采取行动。

(六) 发生火灾事故后安全撤离时的注意事项

发生火灾事故时，如果不能直接扑灭或控制灾情，应迅速撤离火灾现场，撤离时要注意以下事项。

(1) 要尽最大可能迅速了解或判明事故的性质、地点、范围和事故区域的巷道情况、通风系统、风流、火灾烟气蔓延的速度和方向，以及与自己所处巷道位置之间的关系，并根据矿井灾害预防与事故处理计划和现场实际情况确定撤退路线和避灾自救方法。

（2）撤退时，任何人无论在任何情况下都不要惊慌、不能狂奔乱跑，应在现场负责人和有经验的老工人带领下有组织地撤退。位于火源进风侧的人员，应迎着新鲜风流撤退。位于火源回风侧的人员或是在撤退途中遇到烟气有中毒危险时，应迅速佩戴好自救器，尽快通过捷径绕到新鲜风流中去，或是在烟气没有到达之前顺着风流尽快从回风出口撤到安全地点；如果距火源较近而且越过火源没有危险时，也可迅速穿过火区撤到火源的进风侧。

（3）如果在自救器有效作用时间内不能安全撤出时，应在设有存储备用自救器的硐室换用自救器后再行撤退，或是寻找有压风管路系统的地点以压缩空气供呼吸之用。

（4）撤退行动既要迅速果断又要快而不乱。撤退中应靠巷道有连通出口的一侧行进，避免错过脱离危险区的机会，同时还要随时注意观察巷道和风流的变化情况，谨防火风压可能造成的风流逆转。

（5）如果无论是逆风还是顺风撤退都无法躲避着火巷道或火灾烟气造成的危害，则应迅速进入避难硐室。没有避难硐室时，应在烟气袭来之前选择合适的地点，就地利用现场条件快速构筑临时避难硐室，进行避灾自救。

四、矿井瓦斯事故的防治与应急避险

在煤矿事故中与瓦斯有关的事故有5种，即瓦斯爆炸事故、瓦斯燃烧事故、瓦斯窒息事故、瓦斯喷出事故和煤与瓦斯突出事故。这5种事故通常都会造成重大人员伤亡，都属于严重的事故。其中，瓦斯爆炸事故和煤与瓦斯突出事故发生比较频繁，危害也最大。

（一）瓦斯爆炸及其预防

瓦斯爆炸就是瓦斯（CH_4）在高温火源的作用下，与空气中的氧气发生剧烈的化学反应，生成二氧化碳和水蒸气，同时产生大量的热量，形成高温、高压，并以极大的速度向外冲击而产生的动力现象。

1. 瓦斯爆炸条件

瓦斯发生爆炸必须同时具备三个基本条件：一是瓦斯浓度在爆炸界限内，一般为5%～16%；二是混合气体中氧气的浓度不小于12%；三是有足够能量的点火源。瓦斯爆炸的三个条件必须同时满足，缺一不可。

2. 预防瓦斯爆炸的措施

预防瓦斯爆炸应从瓦斯爆炸的三个条件入手，即设法防止瓦斯积聚和出现引火火源；同时一旦出现瓦斯爆炸，还要设法防止爆炸事故扩大。其主要措施如下：

（1）防止瓦斯积聚。

（2）防止明火。

（3）防止电火花。

（4）防止爆破火焰。

（5）防止摩擦火花。

（6）防止高温热源。

3. 发生瓦斯煤尘爆炸事故时的应急避险

（1）当灾害发生时一定要镇静清醒，不要惊慌失措、乱喊乱跑。当听到或感觉到爆炸声响和空气冲击波时，应立即背朝声响和气浪传来方向，脸朝下、双手置于身体下面、闭上眼睛迅速卧倒。头部要尽量低，有水沟的地方最好趴在水沟边上或坚固的障碍物后面。

（2）立即屏住呼吸，用湿毛巾捂住口鼻，防止吸入有毒的高温气体，避免中毒和灼伤气管和内脏。

（3）用衣服将自己身上的裸露部分尽量盖严，以防火焰和高温气体灼伤皮肉。

（4）迅速戴好自救器，以防止吸入有毒气体。

（5）高温气浪和冲击波过后应立即辨别方向，以最短的距离进入新鲜风流中，并按照避灾路线尽快逃离灾区。

（6）已无法逃离灾区时，应立即选择进入避难硐室中，充分利用现场的一切器材和设备来保护人员和自身安全。进入避难硐室后要注意安全，最好找到离水源近的地方，设法堵好硐口，防止有害气体进入。注意节约矿灯用电和食品，室外要做好标记，有规律地敲打连接外部的管子、轨道等，发出求救信号。

（二）煤与瓦斯突出及其预防

煤与瓦斯突出是指在压力作用下，破碎的煤与瓦斯由煤体内突然向采掘空间大量喷出，是一种瓦斯特殊涌出。

1. 煤与瓦斯突出的预兆

（1）无声预兆。工作面顶板压力增大，使支架变形、煤壁外鼓、片帮、掉碴、顶板下沉或底板鼓起，煤层层理紊乱，煤暗淡无光泽，煤质变软，瓦斯涌出量异常或忽大忽小，煤壁发凉，打钻时有顶钻卡钻、喷瓦斯等现象。

（2）有声预兆。煤层在变形过程中发生劈裂声、闷雷声、机枪声、响煤炮，声音由远到近、由小到大，有短暂的，有连续的，间隔时间长短也不同，煤壁发生震动和冲击，顶板来压，支架发出断裂声。

特别注意：任何一次突出前，并不是所有预兆都出现，仅出现其中一种或数种，而且有的预兆还不明显；也有的预兆距发生突出的时间很短。因此，发现任何预兆，都要格外警惕，及时报告、躲避。

2. 煤与瓦斯突出事故的预防

对于预防和治理煤与瓦斯突出的各种措施和方法，必须根据具体条件合理选择，应遵守以下各项规定：

（1）在突出地点工作的人员，必须经过专门训练，掌握防治突出的基本知识，熟悉突出的各种预兆和井下的避灾路线。

（2）突出煤层采掘工作面都必须有独立的通风系统，并设专人检查瓦斯。该区域要安设直通矿调度室的电话，发现有突出危险时，立即撤出人员。

(3) 在突出危险区工作的人员必须佩戴隔离式自救器。

(4) 在有突出危险的煤层中进行采掘工作时，在一个或相邻的两个采区中，同一煤层的同一区段，禁止布置两个工作面同时相向回采，禁止两个工作面同时相向掘进。

(5) 有突出危险煤层中的掘进工作面，应在其进风侧的巷道中设置两道坚固的反向风门，并保持回风巷道畅通无阻。

(6) 在突出煤层的采掘工作面附近的进风巷中，必须设置供给压缩空气的避难硐室或急救袋。

3. 发生煤与瓦斯突出事故的应急避险

(1) 佩戴隔离式自救器保护自己。

(2) 寻找可避难的场所。

(3) 新鲜风流区域的职工主动、正确参加救护工作。

第七节 职业危害及职业病防治

一、煤矿职业病危害因素及职业病类型

(一) 职业病及职业病危害概述

职业病是指企业、事业单位和个体经济组织的劳动者在职业活动中，因接触粉尘、放射性物质和其他有毒、有害物质等因素而引起的疾病。

职业病危害是指在生产过程、劳动过程和生产环境这三项劳动条件中，对从业人员的健康和劳动能力产生有害作用的作业场所职业病危害。职业病危害因素包括：职业活动中存在的各种有害的化学、物理、生物因素以及在作业过程中产生的其他有害因素。

职业病是由于职业活动而产生的疾病，但并不是所有工作中

得的病都是职业病。职业病必须具备4个条件：

（1）患病主体必须是企业、事业单位或个体经济组织的劳动者。

（2）必须是在从事职业活动过程中产生的。

（3）必须是因接触粉尘、放射性物质和其他有毒、有害物质等职业病危害因素引起的。

（4）必须是国家公布的职业病分类和目录所列的职业病。

（二）煤矿常见职业病危害

煤矿生产中主要的职业病危害因素：粉尘、有毒有害气体、噪声和振动、不良气候条件等。

1. 粉尘

粉尘是煤矿的主要职业病危害。煤矿生产中，采煤、掘进、支护、提升运输、巷道维修等生产环节均会产生粉尘，这些粉尘可能使从业人员患上尘肺病。

2. 有毒有害气体

由于井下爆破、煤氧化、采掘活动等原因，矿井空气中含有甲烷（CH_4）、一氧化碳（CO）、二氧化碳（CO_2）、二氧化氮（NO_2）、硫化氢（H_2S）、二氧化硫（SO_2）、氨气（NH_3）等有毒有害气体，严重影响从业人员身心健康，高浓度有毒气体甚至导致人员伤亡。

3. 噪声和振动

煤矿噪声和振动主要来源于井下机械化生产，其危害取决于生产过程、生产工艺和所使用的工具，如风动凿岩机和局部通风机的噪声和振动等。长期在噪声下工作，可能造成听力下降，甚至引起耳聋；长期接触振动，可能导致局部疼痛，甚至引起内脏器官损伤。

4. 不良气候条件

煤矿井下的不良气候条件有气温高、湿度大，不同地点风速大小不等和温差大等。长期在潮湿环境下工作的人员易患风湿性关节炎等。

此外，劳动强度大、作业姿势不良也是煤矿井下工作的特点，易造成井下从业人员腰腿疼和各种外伤。

(三) 煤矿常见职业病

1. 硅肺病

硅肺病是由于在职业活动中长期在含游离二氧化硅SiO_2(F) 10%以上、粉尘浓度大于2 mg/m^{3}或含游离二氧化硅SiO_2(F) 10%以下、粉尘浓度大于10 mg/m^{3}的环境中工作，吸入含游离二氧化硅呼吸性粉尘（矽尘）而引起的以肺组织弥漫性纤维化为主的全身性疾病。

2. 煤肺病

煤肺病是由于在煤炭生产活动中长期吸入煤尘并在肺内滞留而引起的以肺组织弥漫性纤维化为主的全身性疾病，是我国煤炭行业累计患病人数、每年发病人数最多，对煤矿工人身体健康危害最大的职业病。

3. 水泥尘肺

水泥尘肺是由于在职业活动中长期吸入较高浓度的水泥粉尘而引起的一种尘肺病。水泥尘肺发病工龄较长，病情进展缓慢，发病工龄多在10~15年。

4. 职业性噪声聋

职业性噪声聋是由于在职业活动中长期接触高噪声而发生的一种进行性的听觉损伤。早期会出现听力下降，继续长期接触，听力损失不能完全恢复，由功能性改变发展为器质性病变。

(四) 从业人员职业病预防的权利和义务

1. 从业人员职业卫生保护权利

(1) 获得职业卫生教育、培训。

(2) 获得职业健康检查，职业病诊疗、康复等职业病防治服务。

(3) 了解工作场所产生或者可能产生的职业病危害因素、

危害后果和应当采取的职业病防护措施。

（4）要求用人单位提供符合防治职业病要求的职业病防护设施和个人使用的职业病防护用品，改善工作条件。

（5）对违反职业病防治法律、法规以及危及生命健康的行为提出批评、检举和控告。

（6）拒绝违章指挥和强令进行没有职业病防护措施的作业。

（7）参与用人单位职业卫生工作的民主管理，对职业病防治工作提出意见和建议。

用人单位应当保障劳动者行使上述权利。因劳动者依法行使正当权利而降低其工资、福利等待遇或者解除、终止与其订立的劳动合同的，其行为无效。

2. 从业人员职业卫生保护义务

劳动者应当学习和掌握相关的职业卫生知识，增强职业病防范意识，遵守职业病防治法律、法规、规章和操作规程，正确使用、维护职业病防护设备和个人使用的职业病防护用品，发现职业病危害事故隐患应当及时报告。劳动者不履行前款规定义务的，用人单位应当对其进行教育。

二、煤矿主要职业病危害因素及防治措施

煤矿职业病的防治，坚持“预防为主、防治结合”的方针，遵循三级预防的原则。第一级预防是使劳动者尽可能不接触职业危害因素，即使在职业危害不可避免的情况下，采取措施降低生产环境中职业危害因素浓度或强度，使之达到国家职业卫生标准；第二级预防是通过早期发现职业损害，并及时处理，防止进一步发展；第三级预防是对已患职业病者，及时做出诊断和进行恰当的治疗，防止恶化和发生并发症，促进康复。

煤矿生产中主要的职业病危害有粉尘、有毒有害气体、噪声和振动、不良气候条件等，应采取积极防治措施，降低甚至消除煤矿职业病危害因素。煤矿职业病危害因素防治措施主要包括以

下内容。

（一）粉尘的防治

煤矿粉尘主要是煤尘、岩尘和水泥尘。煤尘进入人肺使人患煤肺病，岩尘进入人肺使人患硅肺病，水泥尘进入人肺使人患水泥肺病，通称为尘肺病。

《煤矿安全规程》规定，作业场所空气中粉尘（总粉尘、呼吸性粉尘）浓度应当符合表 1-2 的要求。不符合要求的，应当采取有效措施。

表 1-2　作业场所粉尘浓度要求

粉尘种类	游离 SiO_2 含量/%	时间加权平均容许浓度/（$mg \cdot m^{-3}$）	
		总尘	呼尘
煤尘	<10	4	2.5
矽尘	10~50	1	0.7
	50~80	0.7	0.3
	≥80	0.5	0.2
水泥尘	<10	4	1.5

注：时间加权平均容许浓度是以时间加权数规定的 8 h 工作日、40 h 工作周的平均容许接触浓度。

矿尘防治措施有以下方面：

（1）减尘措施。减少采、掘作业时的粉尘产生量，包括煤层注水、采空区灌水、湿式打眼、水炮泥爆破等。

（2）降尘措施。包括各产尘点设喷雾洒水装置净化风流等。

（3）通风排尘。调整合适的风速，增强排尘效果。

（二）有毒有害气体的防治

矿井空气中含有甲烷（CH_4）、一氧化碳（CO）、二氧化碳（CO_2）、二氧化氮（NO_2）、硫化氢（H_2S）、二氧化硫（SO_2）、氨气（NH_3）等有毒有害气体，会导致职业中毒。

防护措施有以下方面：

（1）消除有毒有害气体。煤矿井下的有毒气体主要来源于炮烟和煤氧化、火灾等。因为很多有毒气体是易溶于水的，通过加强通风和喷雾洒水排除和降低有毒气体含量，净化空气，是消除毒物危害的最根本、最有效的措施。

（2）加强个人防护。炮烟未散去或作业现场空气质量太差时，不要急着进入工作面，待炮烟散尽、现场空气质量好转时再进入工作面，还应用好防护服、防护面具、防尘口罩、自救器等。

（3）提高机体抗御能力。对于在有害物质场所作业人员，给予必要的保健待遇，加强营养和锻炼。

（4）加强对有害物质的监测，掌握其浓度含量，做到心中有数，控制其危害程度。

（5）对受到危害的人员及时进行健康检查。必要时实行转岗、换岗作业。

（6）加强有害物质及预防措施的宣传教育。建立健全安全生产责任制、卫生责任制和岗位责任制。

（三）生产性噪声的防护

噪声危害损害听觉，引起各种病症，引起事故。

预防噪声危害的措施有以下 4 个方面。

（1）控制噪声传播。隔声：用吸声材料、吸声结构和隔声装置将噪声源封闭，防止噪声传播。消声：用吸声材料铺装室内墙壁或悬挂于室内空间，可以吸收辐射和反射声能，降低传播中噪声的强度水平。

（2）采用合理的防护措施，如利用耳塞防护。合适的耳塞隔声效果可达 30~40 dB(A)，对高频噪声的阻隔效果较好。

（3）合理安排劳动制度。工作时间穿插休息时间，休息时间离开噪声环境，限制噪声工作时间，可减轻噪声对人体的危害。

（4）卫生保健措施。对受到噪声危害的人员定期体检，听力下降者及时治疗，重者调离噪声作业。就业前体检或定期体检中发现的听觉器官疾病、心血管病、神经系统器质性疾病者，不得从事噪声环境工作。

（四）生产性振动的危害和防护

在生产过程中，按振动作用于人体的方式可分为局部振动和全身振动。局部振动是最常见的和危害较大的振动。

振动危害的预防措施有以下方面。

（1）对局部振动的减振措施。改革工艺和设备，改革工作制度。合理使用减振用品，建立合理的劳动制度，限制作业人员接触振动时间。煤矿井下的振动危害主要来自于煤电钻、风动凿岩机、综采综掘及其他机械对操作人员的危害。

（2）对全身振动的减振措施。在有可能产生较大振动设备的周围设置隔离地沟，衬以橡胶、软木等减振材料，以确保振动不能外传。对振动源采取减振措施，如用弹簧等减振阻尼器，减少振动的传递距离。井下采煤机、掘进机、柴油车等座椅下加泡沫垫等，减弱运行中由于各种原因传来的振动。另外，利用尼龙件代替金属件，可减少机器的振动，及时检修设备，可以防止因零件松动引起的振动。

（五）高温作业的防护

高温作业对循环系统、消化系统、泌尿系统、神经系统等都有危害。

高温作业的防护措施有以下 6 个方面。

（1）通风降温。加大风速排除热量。风速与温度有一定的关系，合适的风速可使温度降到一定的程度。

（2）喷雾洒水降温。在工作面喷雾洒水既可以降温又可以降尘。

（3）保健防护。供给含盐饮料，以补充人体所需水分和盐分。

（4）发放保健食品。高温环境下作业，人体能量消耗快，应增加蛋白质、热量、维生素等的摄入，以减轻疲劳，提高工作效率。

(5) 个人防护。给工作人员提供结实、耐热、宽大、便于操作的工作服、工作帽、防护眼镜、隔热面具、隔热靴等。

(6) 医疗防护。对在高温条件下作业人员进行就业前体检，凡有心血管系统疾病、高血压、溃疡病、肺气肿、肝病、肾病等疾病不宜从事高温作业的人员不安排从事高温作业或调离高温作业。

三、煤矿劳动防护用品的配备

劳动防护用品是指由用人单位为劳动者配备的，使其在劳动过程中免遭或者减轻事故伤害及职业病危害的个体防护装备。劳动防护用品是由用人单位提供的，保障劳动者安全与健康的辅助性、预防性措施，不得以劳动防护用品替代工程防护设施和其他技术、管理措施。

根据《用人单位劳动防护用品管理规范》以及《煤矿防护用品配备标准》的要求，用人单位应按照识别、评价、选择的程序，结合劳动者作业方式和工作条件，并考虑其个人特点及劳动强度，选择防护功能和效果适用的劳动防护用品，并指导劳动者正确佩戴和使用。

(1) 接触粉尘、有毒有害物质的劳动者应当根据不同粉尘种类、粉尘浓度及游离二氧化硅含量和毒物的种类及浓度配备相应的呼吸器、防护服、防护手套和防护鞋等。

(2) 接触噪声的劳动者当暴露于 80 dB≤LEX，8 h＜85 dB 的工作场所时，用人单位应当根据劳动者需求为其配备适用的护听器；当暴露于 LEX，8 h≥85 dB 的工作场所时，用人单位必须为劳动者配备适用的护听器。

(3) 工作场所中存在电离辐射危害的，经危害评价确认劳动者需佩戴劳动防护用品的，用人单位可参照电离辐射的相关标准及《个体防护装备配备基本要求》（GB/T 29510）为劳动者配备劳动防护用品。

（4）从事存在物体坠落、碎屑飞溅、转动机械和锋利器具等作业的劳动者，用人单位还可参照《个体防护装备选用规范》（GB/T 11651）、《头部防护安全帽选用规范》（GB/T 30041）和《坠落防护装备安全使用规范》（GB/T 23468）等标准，为劳动者配备适用的劳动防护用品。

（5）同一工作地点存在不同种类的危险、有害因素的，应当为劳动者同时提供防御各类危害的劳动防护用品。需要同时配备的劳动防护用品，还应考虑其可兼容性。劳动者在不同地点工作，并接触不同的危险、有害因素，或接触不同的危害程度的有害因素的，为其选配的劳动防护用品应满足不同工作地点的防护需求。

（6）劳动防护用品的选择还应当考虑其佩戴的合适性和基本舒适性，根据个人特点和需求选择适合型号、式样。

（7）用人单位应当在可能发生急性职业损伤的有毒、有害工作场所配备应急劳动防护用品，放置于现场临近位置并有醒目标识。用人单位应当为巡检等流动性作业的劳动者配备随身携带的个人应急防护用品。

四、职业病诊断、鉴定与职业病患者保障

（一）职业健康监护

职业健康监护是指以预防为目的，根据劳动者的职业接触史，通过定期或不定期的医学健康检查和健康相关资料的收集，连续性地监测劳动者的健康状况，分析劳动者健康变化与所接触的职业病危害因素的关系，并及时将健康检查和资料分析结果报告给用人单位和劳动者本人，以便及时采取干预措施，保护劳动者健康。

职业健康监护主要包括职业健康检查、离岗后健康检查、应

急健康检查和职业健康监护档案管理等内容。

1. 职业健康检查

职业健康检查分为上岗前职业健康检查、在岗期间职业健康检查和离岗时职业健康检查。

2. 职业健康检查项目及体检周期

根据《职业健康监护技术规范》（GBZ 188—2014）的基本要求，按照《煤矿作业场所职业病危害防治规定》，与煤炭行业有关的职业健康检查内容如下。

（1）游离二氧化硅粉尘，检查周期为 1 年。

（2）煤尘，检查周期为 2 年。

（3）水泥尘、电焊烟尘，检查周期为 2 年。

（4）噪声，检查周期：作业场所噪声 8 h 等效声级≥85 dB，1 年 1 次；作业场所噪声 8 h 等效声级≥80 dB，＜85 dB，2 年 1 次。

（5）高温，检查周期：1 年。应在每年高温季节到来之前进行。

（6）手传振动，检查周期为 2 年。

（7）氮氧化物，检查周期为 1 年。

（8）一氧化碳，检查周期为 3 年。

（9）硫化氢，检查周期为 3 年。

《煤矿作业场所职业病危害防治规定》中规定：煤矿不得安排未经上岗前职业健康检查的人员从事接触职业病危害的作业；不得安排有职业禁忌的人员从事其所禁忌的作业；不得安排未成年工从事接触职业病危害的作业；不得安排孕期、哺乳期的女职工从事对本人和胎儿、婴儿有危害的作业。劳动者接受职业健康检查应当视同正常出勤，煤矿企业不得以常规健康检查代替职业健康检查。

（二）职业病诊断与鉴定

劳动者健康出现损害需要进行职业病诊断、鉴定的，煤矿企业应当如实提供职业病诊断、鉴定所需的劳动者职业史和职业病危害接触史、作业场所职业病危害因素检测结果等资料。

1. 职业病诊断

职业病诊断必须在职业病诊断机构进行，应选择用人单位所在地、劳动者本人户籍所在地或者经常居住地的职业病诊断机构进行职业病诊断。职业病诊断机构组织3名以上单数职业病诊断医师进行集体诊断。职业病诊断医师独立分析、判断并提出诊断意见，任何单位和个人无权干预。职业病诊断机构做出职业病诊断结论后，出具职业病诊断证明书。证明书包括诊断结论和诊断时间。

2. 职业病鉴定

当事人如果对职业病诊断结果或职业病鉴定结论有异议，可以在接到职业病诊断证明书之日起30日内，向职业病诊断机构所在地设区的市级卫生行政部门申请鉴定。当事人对设区的市级职业病鉴定结论不服的，可以在接到鉴定书之日起15日内，向原鉴定组织所在地省级卫生行政部门申请再次鉴定。职业病鉴定实行两级鉴定制，省级职业病鉴定结论为最终鉴定。

3. 职业健康监护档案

煤矿应当为劳动者个人建立职业健康监护档案，并按照有关规定的期限妥善保存。职业健康监护档案应当包括劳动者个人基本情况、劳动者职业史和职业病危害接触史，历次职业健康检查结果及处理情况，职业病诊疗等资料。劳动者离开煤矿时，有权索取本人职业健康监护档案复印件，煤矿必须如实、无偿提供，并在所提供的复印件上签章。

第八节　自救、互救与现场急救

大量实践证明，当矿井发生灾害事故后，事故现场人员在万分危急的情况下，依靠自己的智慧和力量，积极正确地开展自救和互救工作，是最大限度地减少事故损失的重要环节。所以每个入井人员都必须掌握自救互救的基本方法。

一、自救器的使用

煤矿必须使用隔离式自救器。隔离式自救器能防护所有的有害气体，它的作用包括提供氧气、防止窒息和防止有害气体中毒。隔离式自救器分类见表1-3。

表1-3　自救器分类

	隔离式	
	压缩氧	化学氧
气源	压缩氧气	化学生氧
周期	反复使用	一次性
维护保养	复杂	简单
适用范围	有毒有害、缺氧环境	

（一）化学氧自救器的使用

化学氧自救器是指利用化学生氧物质产生氧气的隔离式呼吸保护器。它用于灾区空气中缺氧或存在有毒有害气体的环境，供一般入井人员使用，只能使用1次。

1. 化学氧自救器结构及原理

化学氧自救器结构及原理如图1-1所示。

2. 使用方法

（1）佩戴位置。将专用腰带穿入自救器腰带环内，固定在背部右侧腰间，如图1-2a所示。

（2）开启扳手。使用时先将自救器沿腰带转到右侧腹前，左手托底，右手拉护罩胶片，使护罩挂钩脱离壳体，再用右手掰锁口带扳手至封印条断开后，丢开锁口带，如图1-2b所示。

（3）去掉上外壳。左手抓住下外壳，右手将上外壳用力拔

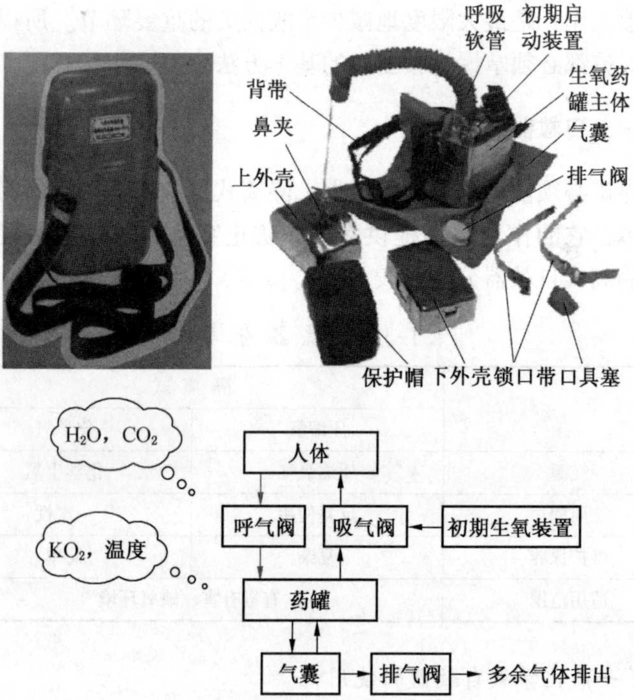

图 1-1　化学氧自救器的结构及原理

下、扔掉，如图 1-2c 所示。

（4）套上挎带。将挎带套在脖子上，如图 1-2d 所示。

（5）提起口具并立即戴好。拔出启动针，使气囊逐渐鼓起，立即拔掉口具塞并同时将口具塞入口中，口具片置于唇齿之间，牙齿紧紧咬住牙垫，紧闭嘴唇，如图 1-2e 所示。

（6）夹好鼻夹。两手同时抓住两个鼻夹垫的圆柱形把柄，将弹簧拉开，憋住一口气，使鼻夹垫准确地夹住鼻子。

（7）调整挎带。如果挎带过长，抬不起头，可以拉动挎带上的大圆环，使挎带缩短，长度适宜后，系在小圆环上，如图 1-2f所示。

(a) 佩戴位置　(b) 开启扳手　(c) 去掉上外壳

(d) 套上挎带　(e) 提起口具并立即戴好　(f) 调整挎带

图 1-2　化学氧自救器的使用方法

（8）退出灾区。上述操作完成后，开始撤离灾区。途中感到吸气不足时不要惊慌，应放慢脚步，做深呼吸，待气量充足后再快步行走。

3. 使用注意事项

（1）每班携带自救器前，应检查自救器外壳有无损伤或松动，如发现不正常现象应及时将自救器送到发放室检查校验。

（2）携带自救器时，应避免碰撞、跌落，禁止将自救器当坐垫用；禁止用尖锐的器具猛砸外壳或药罐；禁止自救器接触带电体或被浸泡在水中。

（3）携带自救器时，任何场所不准随意打开自救器上外壳；如果自救器上外壳已意外开启，应立即停止携带，做报废处理。

（4）在井下工作时，一旦发现事故征兆，应立即佩戴自救器后迅速撤离。佩戴自救器要求操作准确、迅速。

（5）佩戴自救器撤离火区时，要冷静、沉着，最好匀速行走。

（6）在整个逃生过程中，要注意把口具、鼻夹戴好，保证不漏气，严禁从口中取下口具说话。

（7）吸气时，比平时正常吸气干、热一些，表明自救器在正常工作，对人体无害，此时千万不可取下自救器。

（8）当发现呼气时气囊瘪而不鼓，并渐渐缩小时，表明自救器的使用时间已接近终点，要做好应急准备。

（二）压缩氧自救器的使用

压缩氧自救器是指利用压缩氧气供氧的隔离式呼吸保护器。它用于灾区环境空气中缺氧或存在有毒有害气体的情况，是一种可反复多次使用的自救器，每次使用后只需要更换吸收二氧化碳的吸收剂和重新充装氧气即可重复使用。

1. 压缩氧自救器的结构及原理

压缩氧自救器的结构和原理如图 1-3 所示。

2. 使用方法

（1）携带时，挎在肩膀上或者挂在专用皮带上（图 1-4）。

（2）使用时，先打开外壳封口带手把。

（3）打开上盖，然后左手抓住氧气瓶，右手用力向上提上盖，此时氧气瓶开关即可自动打开，随后将主机从下壳中拽出。

（4）摘下安全帽，挎上挎带，戴好安全帽。

（5）拔开口具塞，将口具放入口腔里，牙齿咬住牙垫。

（6）将鼻夹夹在鼻子上，开始呼吸。

（7）在呼吸的同时，按动补给按钮，大约 1~2 s，气囊充满后立即停止（在使用过程中发现气囊供气不足时，按上述方法操作）。

（8）挂上腰钩。

3. 使用注意事项

（1）使用符合 MT 454—1995 标准的 CO_2 吸收剂，每隔半年更换一次。

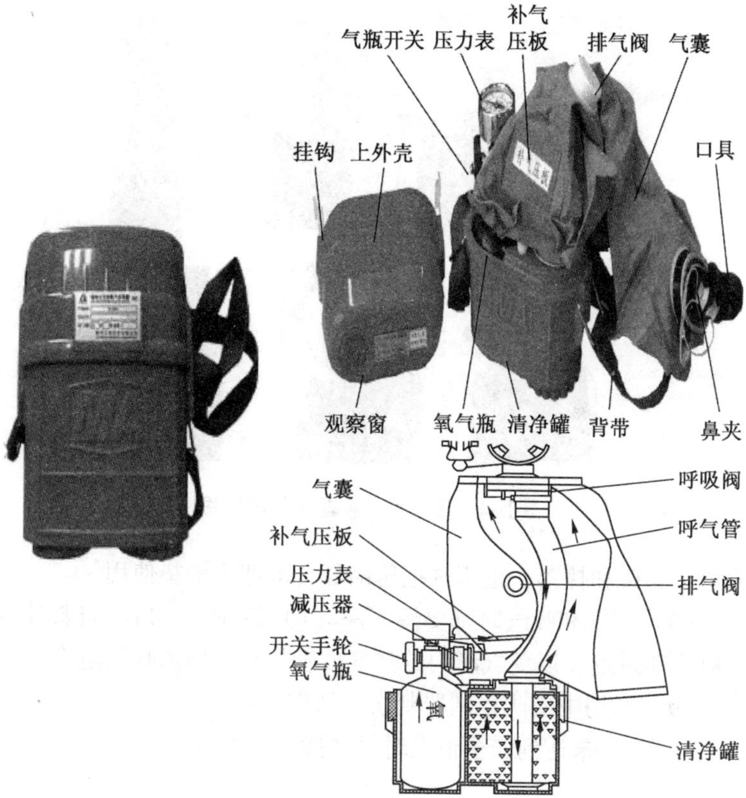

图 1-3　压缩氧自救器的结构和原理

（2）清净罐中的 CO_2 吸收剂，无论是否使用到额定防护时间，必须倒空后，重新换装新药。

（3）用于充填自救器的氧气应符合 GB 8982 的规定。

（4）每隔 3 年要对氧气瓶做水压试验。

（5）每隔半年检查一次气密和氧气压力。

（6）使用中要经常观察压力表，以掌握耗氧情况。

（7）高压氧气瓶储装有 20 MPa 的氧气，携带过程中要防止

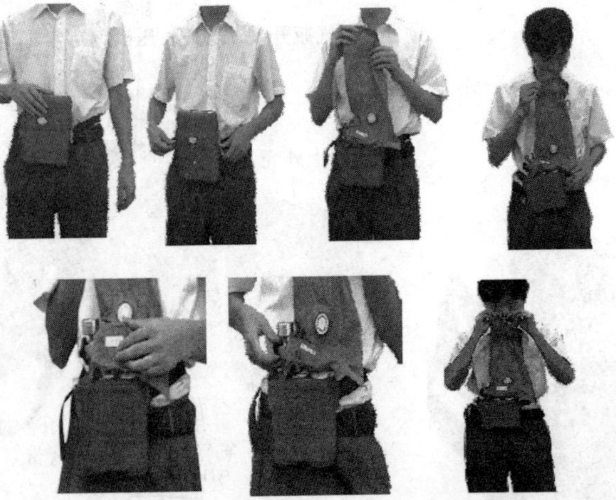

图 1-4　压缩氧自救器的使用方法

撞击、磕碰和摔落，也不许把压缩氧自救器当坐垫使用。

（8）呼气和吸气时都要慢而深（即深呼吸）。口与自救器的距离不能过近，以免气囊内的呼气软管打折，增加呼气阻力。

（9）使用中应防止利器刺伤、划伤气囊。

（10）在未达到安全地点时严禁摘下自救器。

二、避难硐室的自救避灾

避难硐室是井下发生灾害事故后，人员无法撤离灾区时的避难场所。避难硐室分事先构筑好的永久避难硐室和由避灾人员用身边现有材料建造的临时避难硐室（图 1-5）。

（一）永久避难硐室

采用多层支护方式，具有防爆密闭、氧气供应、空气监测、二氧化碳吸附、空气温湿度控制、电力供应、通信联络、食品饮水供应等功能，并且可以通过直达地面的救援钻孔获得新鲜空气、电力供应、流食供应，进行通信联络。

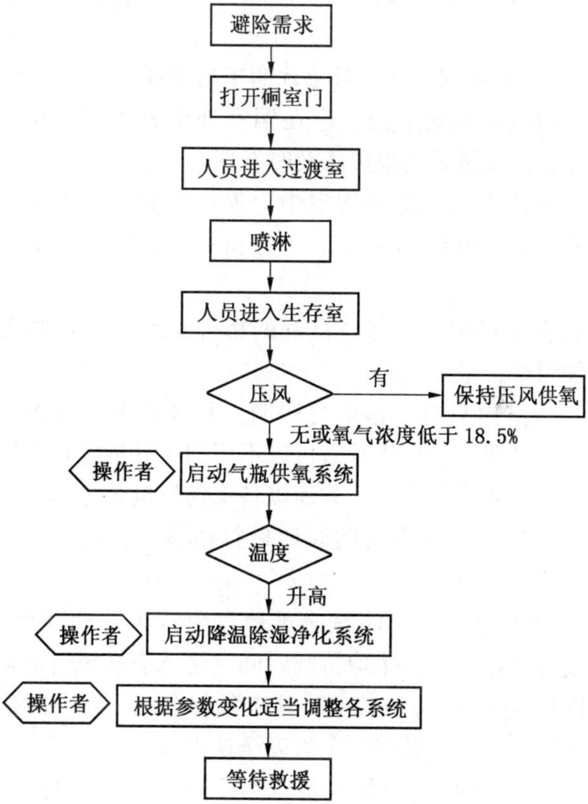

图 1-5　进入避难硐室的流程

（二）临时避难硐室

临时避难硐室是一旦出现灾变事故，遇险人员在等待救援的过程中利用现场的材料临时搭建的设施。临时避难硐室是利用独头巷道、硐室或两道风门之间的巷道，由避灾人员临时修建的。所以，应在这些地点事先准备好所需的木板、木桩、风筒、黏土、砂子或砖等材料，还应装有带阀门的压气管。避灾时，若无构筑材料，避灾人员就用衣服和身边现有的材料临时构筑避难硐室，以减少有害气体的侵入。密闭应该打两道，人站在里面打筑。

（三）在避难硐室避难时应注意下列事项

(1) 进入避难硐室前，应在硐室外留有矿灯、衣服、工具等明显标志，以便矿山救护队及时发现。

(2) 遇险人员在避难硐室中应保持安静，不急躁，尽量俯卧于巷道底部，避免不必要的体力和氧气消耗，以便延长避难时间。

(3) 在避难中，要保持良好的精神状态和心理状态，坚持克服各种困难，坚定信心。

(4) 硐室内只留一盏矿灯照明，其余熄灭，以备人员撤离时使用。自救器、急救袋暂时可以不用的应尽量停止使用，一方面以备延长待救时间，另一方面以备重伤员抢救之用。

(5) 在避难硐室内可间断地敲打铁器、岩石等，发出呼救信号。

(6) 避难时要密切注意避难地点附近风流和瓦斯的情况，要不断改善生存环境，争取待救时间（进入有压风管的避难硐室时应立即打开压风管）。若避难地点条件恶化，有可能危及人员生命安全时，应立即转移到附近安全地点。

(7) 被水堵在上山的人员，不要向下跑，不要盲目探险。水被排走露出顶板时，也不要急于出来，以防 SO_2、H_2S 等气体中毒。

(8) 看到救护队员后不要过于激动，以防血管破裂。避难时间过长，被救后不能过多饮食和见到强烈光线，以防损伤消化器官和眼睛。

三、矿工自救互救的行动原则

1. 自救时应遵守“灭、护、撤、躲”四原则

(1) 灭：就是在保证安全的前提下，采取积极有效措施，

将事故消灭在初始阶段或控制在最小范围，最大限度地减少事故造成的伤害和损失。

（2）护：因事故造成自己所在地点的有毒有害气体浓度增高，可能危及人员生命安全时，可佩用自救器，或用湿毛巾捂住口鼻等。

（3）撤：当灾区现场不具备抢救事故的条件，或可能危及人员的安全时，要以最快速度，选择最近的路线撤离灾区。

（4）躲：如在短时间内无法安全撤离灾区时，应迅速进入预先构筑的避难硐室或其他安全地点暂时躲避，等待援救，也可利用现场的设施和材料构筑临时避难硐室。

2. 矿工互救时必须遵守“三先三后”的原则

（1）对窒息（呼吸道完全堵塞）或心跳、呼吸骤停的伤员，必须先复苏，后搬运。

（2）对出血伤员，先止血，后搬运。

（3）对骨折的伤员，先固定，后搬运。

四、现场急救

现场急救的关键在于“及时”。时间上突出一个“急”字，技术上突出一个“救”字。争取在最短的时间内有效地完成急救和安全转运任务。对伤员要快抢、快救和快运是事故伤员救治工作的第一步，这不但直接关系到伤员的生死，而且能为后续各级救治打下基础，必须及时、准确。要做好伤员分类工作，优先抢救危重伤员，积极防治休克、感染等并发症。

现场互救必须遵守转运原则：初步确切止血，骨折简易固定，生命体征平稳，医护全程护送，边救边送，就近医院救治。

现场急救必须遵守“三先三后”的原则：

（1）窒息（呼吸道完全堵塞）或心跳、呼吸骤停的伤员，必须先进行人工呼吸或心脏复苏后搬运。

（2）对出血的伤员，先止血，后搬运。

（3）对骨折的伤员，先固定，后搬运。

现场急救的方法包括心肺复苏、止血、创伤包扎、骨折临时固定和伤员搬运。

（一）心肺复苏

心肺复苏是针对骤停的心跳和呼吸采取的救命技术。即以人工呼吸代替自主呼吸，以胸外按压形成暂时人工循环并诱发心脏的自主搏动。

心脏骤停的识别：检查患者无反应（即无意识）、无呼吸或仅是喘息（即呼吸不正常）、不能在 10 s 内明确感觉到脉搏（10 s内可同时检查呼吸和脉搏）。作为非专业的急救人员，只要检查患者无反应，无呼吸或仅是喘息即可判断为发生了心脏骤停。

2015 年心肺复苏指南“生存链”，也就是院内心脏骤停与院外心脏骤停生存链（图 1-6）。

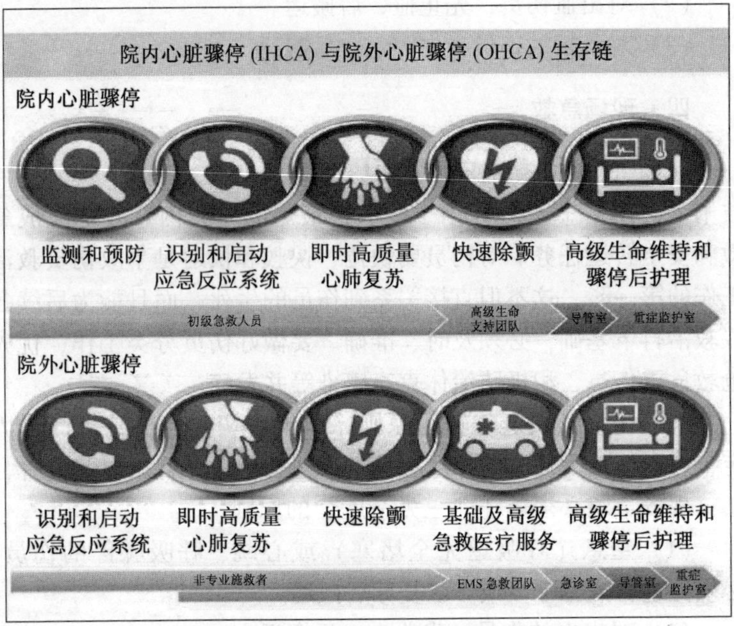

图 1-6 院内心脏骤停与院外心脏骤停生存链

而针对煤矿井下，主要是院外急救相关知识的掌握。

一旦发现有人晕倒应采取六个步骤措施（图 1-7）：第一步，评估环境安全；第二步，判断意识；第三步，呼救；第四步，翻转体位；第五步，判断呼吸；第六步，胸外心脏按压。

图 1-7　发现有人晕倒的处理程序

胸外心脏按压部位在胸部正中，与乳头连线水平（男同志为两乳头连线中点）。用右手中、食指沿一侧肋弓向内上方滑动至胸骨下端，左手掌根靠紧食指，放于胸骨上（图 1-8）。按压频率：100~120 次/min。按压深度：5~6 cm。

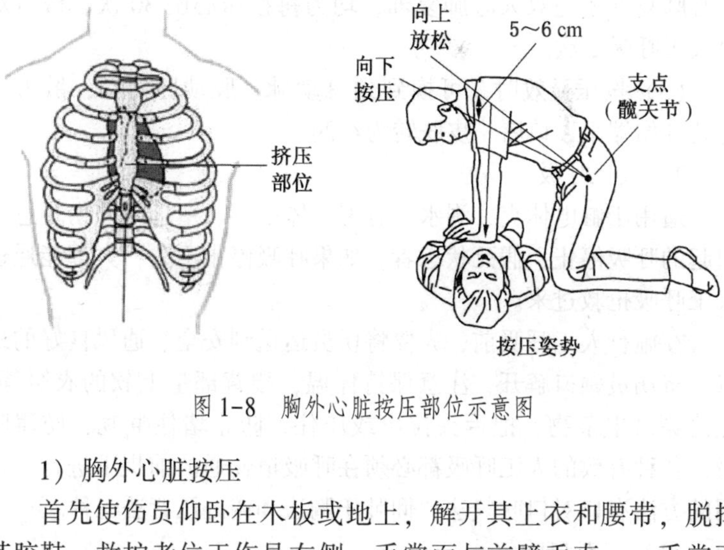

图 1-8　胸外心脏按压部位示意图

1）胸外心脏按压

首先使伤员仰卧在木板或地上，解开其上衣和腰带，脱掉其胶鞋。救护者位于伤员右侧，手掌面与前臂垂直，一手掌面压在另一手掌面上，使双手掌根重叠置于伤员胸骨 1/3 处（其下方为心脏），双臂形成一直线，与患者胸部垂直，以髋关节为轴利用上身的重量有节奏地垂直下压，接触胸壁的五指尽量翘起。成人按压幅度为 5～6 cm（即深度至少 5 cm 而不应超过 6 cm）；按压后，迅速抬手使胸骨复位，以利于心脏的舒张。按压次数以100～120 次/min 为宜。按压过快，心脏舒张不够充分，心室内血液不能完全充盈；按压过慢，动脉压力低，效果也不好。

使用胸外心脏按压术时的注意事项如下：

(1) 按压的力量应因人而异。对身强力壮的伤员按压力量可大些；对年老体弱的伤员力量宜小些。按压的力量要稳健有力、均匀规则，重力应放在手掌根部，着力仅在胸骨处，切勿在心尖部按压。同时注意用力不能过猛，否则可致肋骨骨折、心包积血或引起气胸等。

(2) 胸外心脏按压与口对口吹气法最好同时施行，无论单人心肺复苏还是双人心肺复苏，均为每按压心脏 30 次，做口对口人工呼吸 2 次。

(3) 按压显效时，可摸到颈总动脉、股动脉搏动，散大的瞳孔开始缩小，口唇、皮肤转为红润。

2) 人工呼吸

适用于触电休克、溺水、有害气体中毒、窒息或外伤窒息等引起的呼吸停止、假死状态者。如果呼吸停止不久，大都能通过人工呼吸抢救过来。

在施行人工呼吸前，先要将伤员运送到安全、通风良好的地点，将伤员领口解开，注意保持体温，腰背部垫上软的衣服等。先清除口中杂物，把舌头拉出或压住，防止堵住喉咙，妨碍呼吸。各种有效的人工呼吸都必须在呼吸道畅通的前提下进行。常用的方法有口对口吹气法、仰卧压胸法和俯卧压背法三种。

(1) 口对口吹气法。

它是效果最好、操作最简单的一种人工呼吸方法。对没有颈椎损伤的患者，操作前使伤员仰卧，救护者将一手置于患者前额部，用力使头部后仰，另一手置于下颏骨骨折部分向上抬颏。成人畅通气道最佳位置是使下颌尖、耳垂连线与地面垂直成 90°。吹气时一只手将其鼻孔捏住，缓慢吹气（持续 1 s），吹气成功的标识是胸腹部略微起伏（1 次/5~6 s）。如此有节律、均匀地反复进行，每分钟应吹气 14~16 次。注意吹气时切勿过猛、过短，也不宜过长，以占一次呼吸周期的 1/3 为宜。

（2）仰卧压胸法。

让伤员仰卧，救护者跨跪在伤员大腿两侧，两手拇指向内，其余四指向外伸出，平放在其胸部两侧乳头之下，借半身重力压伤员胸部，挤出伤员肺内空气；然后救护者身体后仰，除去压力，伤员胸部依其弹性自然扩张，使空气被吸入肺内。如此有节律地进行，要求每分钟压胸 16~20 次。

此法不适用于胸部外伤或 SO_2、NO_2 中毒者，也不能与胸外心脏按压法同时进行。

（3）俯卧压背法。

此法与仰卧压胸法操作大致相同，只是伤员俯卧，救护者跨跪在伤员大腿两侧。因为这种方法便于排出肺内水分，因而对溺水者急救较为适合。

（二）止血

1. 少量出血的处理

表面伤口和擦伤，应该用干净的水冲洗，用创可贴或干净的纱布、手绢包扎伤口。

2. 严重出血的止血方法

（1）直接压迫止血，如图 1-9 所示。

（2）加压包扎止血，如图 1-10 所示。

（3）止血带止血。常用的止血带止血方法有：表带式止血带止血、橡胶管止血带止血、布带止血带止血。使用止血带的注意事项：

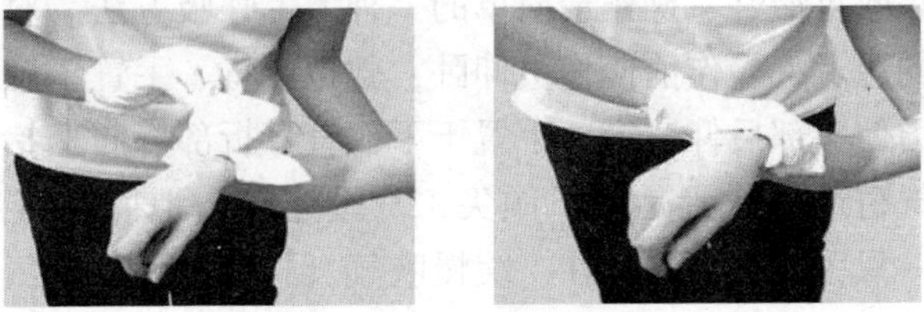

图 1-9 直接压迫止血示意图

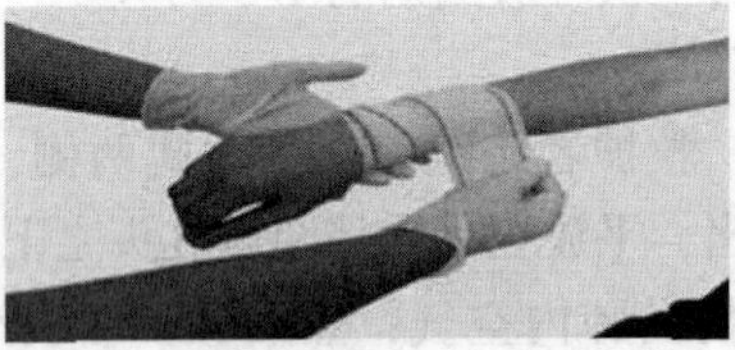

图 1-10 加压包扎止血示意图

①止血带不能直接缠在皮肤上。

②上肢出血扎在上臂上方 1/3 处，下肢出血扎在大腿中上部。

③松紧适度。

④做好明显标记。

⑤每隔 40~50 min 放松一次，每次放松 2~3 min。放松时，应采取指压止血。

⑥不能用铁丝、电线、绳索等代替止血带。

⑦结扎止血带的时间一般不应超过 2 h。

(三) 包扎

1. 包扎的目的

止血，保护伤口，防止感染，固定夹板和敷料。

2. 包扎的要求

轻、快、准、牢；先盖后包。

3. 包扎的材料

绷带、三角巾、四头带、多头带、就地取材。

4. 绷带包扎方法

常用的有环形包扎法、螺旋包扎法、螺旋反折包扎法、“8”字包扎法、回返包扎法等。

(四) 骨折的固定

骨折原因：外力（直接、间接、肌肉拉力）。

骨折判定：肿胀、疼痛、畸形、功能障碍。

骨折固定目的：制动，避免再次损伤，利于搬运。

骨折固定材料：夹板、充气夹板、固定架、健侧肢体、就地取材。

骨折固定原则：

(1) 首先检查意识、呼吸、脉搏，以及处理严重出血。

(2) 夹板的长度应能将骨折处的上下关节一同加以固定。

(3) 骨断端暴露，不要拉动，不要送回伤口内。

(4) 开放性骨折现场不要冲洗、不要涂药，应该先止血包扎，再固定。

(5) 暴露肢体末端，以便观察血运。

(五) 伤员的搬运护送

搬运时应尽量不增加伤员的痛苦，避免造成新的损伤及并发症。常用的搬运方法如下：

(1) 单人徒手搬运法：常用的有扶行法、背负法、拖行法（腋下拖行、衣服拖行、毛毯拖行）、爬行法等。

(2) 双人徒手搬运法：常用的有轿杠式、椅拖式两种。

(3) 三人徒手搬运法。

(4) 四人徒手搬运法。

(5) 担架搬运法。

(六) 对不同伤员的现场急救

1. 对中毒或窒息人员的急救

(1) 立即将伤员从危险区抢运到新鲜风流中，取平卧位。

(2) 立即将伤员口、鼻内的黏液、血块、泥土、碎煤等除去，解开上衣和腰带，脱掉胶鞋。

（3）用衣服覆盖在伤员身上保暖。

（4）根据心跳、呼吸、瞳孔等特征和伤员的神智情况，初步判定伤情的轻重。如发现呼吸心跳骤停，立即心肺复苏。

（5）当伤员出现眼红肿、流泪、畏光、喉痛、咳嗽、胸闷现象时，说明是二氧化硫中毒所致。当出现眼红肿、流泪、喉痛及手指、头发呈黄褐色现象时，说明伤员是二氧化氮中毒。一氧化碳中毒的显著特征是嘴唇呈桃红色，两颊有红斑点。对二氧化硫、二氧化氮中毒者只能进行口对口的人工呼吸，不能进行压胸或压背法的人工呼吸。

（6）人工呼吸持续的时间以恢复自主性呼吸或到伤员真正死亡时为止。当救护队来到后，转由救护人员用苏生器复苏。

2. 对外伤人员的急救

对外伤人员的急救、包扎，对烧伤人员的急救，对出血人员的急救和对骨折人员的急救，分别采用包扎创面、止血和骨折临时固定等急救措施，然后迅速送到地面，到医院救治。

3. 对溺水者的急救

突水中人员溺水时，可能呼吸困难而窒息死亡。应采取如下措施急救：

（1）转送。把溺水者从水中救出后，立即送到比较温暖和空气流动的地方，松开腰带，脱掉湿衣服，盖上干衣服保暖。

（2）检查。检查溺水者的口鼻，如果有泥水和污物堵塞，应迅速清除，擦洗干净，以保持呼吸道通畅。

（3）发现呼吸心跳停止，即采取心肺复苏。

（4）现场救护有效，用干毛巾擦遍全身，自四肢、躯干向心脏方向摩擦，促进血液循环。

4. 对触电者的急救

（1）立即切断电源，或使触电者脱离电源。

（2）迅速观察伤员有无呼吸和心跳。如发现已停止呼吸或心音微弱，应立即进行人工呼吸或胸外心脏按压。

（3）若呼吸和心跳都已停止，应同时进行人工呼吸或胸外心脏按压。

（4）对遭受电击者，若有其他损伤，如跌伤、出血等，应做相应的急救处理。

5. 对冒顶埋压人员现场急救

（1）扒伤员时须注意不要损伤人体。靠近伤员身边时，扒掘动作要轻巧稳重，以免对伤员造成伤害。

（2）如果确知伤员头部位置，应先扒去其头部煤岩块，以使头部尽早露出。扒出头部后，要立即清除口腔、鼻腔的污物，与此同时扒出身体其他部位。

（3）此类伤员常常发生骨折，因此在扒掘与抬离时必须十分小心。严禁用手去拖拉伤员双脚或用其他粗鲁动作，以免增加伤势。

（4）当伤员呼吸困难或停止呼吸时，可进行口对口人工呼吸。

（5）有大出血者，应立即止血。

（6）有骨折者，应用夹板固定。如怀疑有脊柱骨折的，应该用硬板担架转运，千万不能由人扶持或抬运。

（7）转运时须有医务人员护送，以便对发生的危险情况给予急救。

6. 对长期被困在井下的人员急救

（1）严禁用矿灯照射遇险者的眼睛，应用毛巾、衣服片、纸张等蒙住其眼睛。

（2）用棉花或纸张堵住双耳。

（3）注意保暖。

（4）不能立即升井，应将其放在安全地点逐渐适应环境和稳定情绪。待情绪稳定，体温、脉搏、呼吸及血压等稍有好转后，方可升井送医院。

(5) 搬运时要轻抬轻放，缓慢行走，注意伤情变化。

(6) 升井后和治疗初期，劝阻亲属探视，以免伤员过度兴奋发生意外。

(7) 不能让其吃过量或硬的食物，限量吃一些稀软、易消化的食物，使肠胃功能逐渐恢复。

第二章　专业技术基础知识

第一节　专业技术基础知识

钳工应了解金属性能、机械传动及液压技术，能够看懂简单图纸，掌握设备性能、原理、基本参数，正确使用钳工工具或设备，按技术要求对工件进行修整、装配，对设备进行故障判断和处理。其特点是手工操作多，灵活性强，工作范围广，技术要求高。

一、金属材料

（一）金属的物理性能

金属的物理性能是指金属固有的属性，包括密度、熔点、导热性、导电性、热膨胀性和磁性等。

1. 密度

某种物质单位体积的质量称为物质的密度。金属的密度即单位体积的金属质量。密度的计算公式为

$$\rho = m/V$$

式中　ρ——密度，kg/m^3；

m——质量，kg；

V——体积，m^3。

常用金属材料的密度见表2-1。

2. 导热性

金属材料传导热量的性能称为导热性。导热性的大小通常用热导率来衡量。热导率符号是A。热导率越大，金属的导热性越好。金属的导热能力以银为最好，铜、铝次之。

表2-1 常用金属材料的密度

材料名称	密度/(kg · m^{-3})	材料名称	密度/(kg · m^{-3})
铁	7.87×10^3	铅	11.3×10^3
铜	8.96×10^3	锡	7.3×10^3
铝	2.7×10^3	灰铸铁	$(6.8\sim7.4)\times10^3$
镁	1.7×10^3	白口铁	$(7.2\sim7.5)\times10^3$
锌	7.19×10^3	青铜	$(7.5\sim8.9)\times10^3$
镍	8.9×10^3	黄铜	$(8.5\sim8.85)\times10^3$

3. 导电性

金属材料传导电流的性能称为导电性。衡量金属材料导电性的指标是电阻率ρ，电阻率ρ越小，金属导电性越好。金属材料的导电能力以银为最好，铜、铝次之。合金的导电性比纯金属差。

4. 热膨胀性

金属材料随着温度变化而膨胀、收缩的特性称为热膨胀性。一般来说，金属受热时膨胀而体积增大，冷却时收缩而体积减小。

热膨胀性的大小用线膨胀系数α_L和体积膨胀系数α_V来表示。计算公式如下：

$$\alpha_L = (L_2 - L_1)/(L_L \cdot \Delta t)$$

式中 α_L——线膨胀系数，1/K 或 1/℃；

L_1——膨胀前长度，m；

L_2——膨胀后长度，m；

Δt——温度变化量，$\Delta t = t_2 - t_1$，K 或℃。

(二) 常用金属材料的牌号、性能和用途

碳含量小于 2.11% 而不含合金元素的钢称为碳素钢，简称碳钢。

1. 碳素钢的分类

（1）按钢的含碳量分类：低碳钢、中碳钢、高碳钢。

（2）按钢的质量分类：普通质量钢、优质钢、高级优质钢、特级质量钢。

（3）按钢的用途分类：结构钢和工具钢。结构钢，主要用于制造各种机械工程结构件。工具钢，主要用于制造各种刀具、模具和量具。

2. 合金钢

合金钢是在碳钢中加入一些合金元素的钢，钢中常加入的元素有：铬（Cr）、镍（Ni）、钨（w）、钒（V）、钼（Mo）、钛（Ti）等。

（1）合金钢按用途分类：

①合金结构钢：用于制造机械零件和工程结构的钢，如连杆、齿轮、轴、桥梁等。

②合金工具钢：用于制造各种加工工具的钢，如切削刀具、模具和量具。

③特殊性能钢：用于制造具有某种特殊性能的结构和零件。包括不锈钢、耐热钢、耐磨钢。

（2）按所含合金元素总量分类：低合金钢、中合金钢、高合金钢。

3. 铸铁的分类

（1）根据碳在铸铁中存在的形态不同，可以将铸铁分为以下几种：

①白口铸铁。这类铸铁断口呈银白色。性能既硬又脆，很难进行切削加工。主要用于炼钢或制造可锻铸铁的厚件。

②灰铸铁。断口呈灰色，是应用最为广泛的一类铸铁。

③球墨铸铁。这类铸铁强度高，韧性好。

④可锻铸铁。这类铸铁强度较高，韧性好。

(2) 铸铁的牌号。

灰铸铁的牌号用“HT”及后面的一组数字组成，数字表示其最低抗拉强度。

球墨铸铁的牌号用“QT”和两组数字组成，其表示方法和可锻铸铁表示方法完全一致。

二、钳工常用量具、工具及使用方法

1. 游标卡尺的使用方法

1) 游标卡尺的读数方法

以刻度值 0.02 mm 的精密游标卡尺为例，读数方法，可分三步：

(1) 根据副尺零线以左的主尺上的最近刻度读出整毫米数。

(2) 根据副尺零线以右与主尺上的刻度对准的刻线数乘上 0.02 读出小数。

(3) 将上面整数和小数两部分加起来，即为总尺寸。

如图 2-1 所示，副尺 0 线所对主尺前面的刻度 64 mm，副尺 0 线后的第 9 条线与主尺的一条刻线对齐。副尺 0 线后的第 9 条线表示：

$$0.02\times 9=0.18\ \text{mm}$$

所以被测工件的尺寸为：

$$64+0.18=64.18\ \text{mm}$$

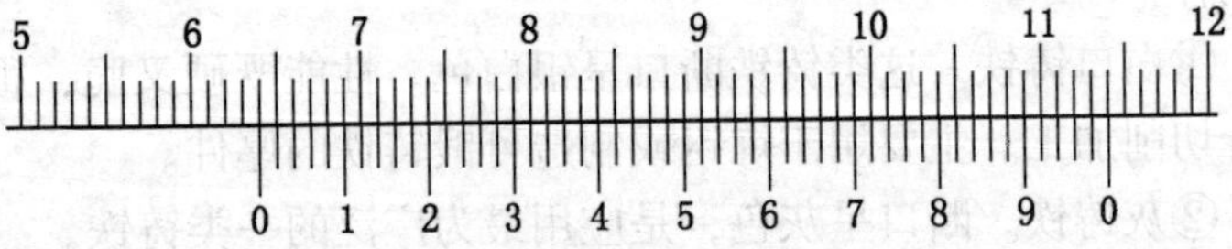

图 2-1　0.02 mm 游标卡尺的读数方法

2）使用方法

（1）测量前应将游标卡尺擦干净，量爪贴合后，游标的零线应和尺身的零线对齐。

（2）测量时，所用的测力应使两量爪刚好接触零件表面为宜。

（3）测量时，防止卡尺歪斜。

（4）在游标上读数时，避免视线误差。

2. 千分尺的使用方法

1）读数方法

（1）读出微分筒边缘在固定套管主尺的毫米数和半毫米数。

（2）看微分筒上哪一格与固定套管基准线对齐，并读出不足半毫米的数。

（3）把两个读数加起来就是测量的实际尺寸。

2）使用方法

（1）测量前，转动千分尺的测力装置，使两测量面靠合，并检查是否密合；同时看微分筒与固定套筒的零线是否对齐，如有偏差应调整固定套筒对零。

（2）测量时，用手转动测力装置、控制测力，不允许用冲力转动微分筒。千分尺测螺旋杆轴线应与零件表面贴合垂直。

（3）读数时，最好不取下千分尺进行读数。如果需要取下读数，应先锁紧微螺杆，然后轻轻取下千分尺，防止尺寸变动，读数时要看清刻度，不要错读。

3. 百分表的使用方法

（1）测量前，检查表盘和指针有无松动现象，检查指针的平稳性和稳定性。

（2）测量时，测量杆应垂直零件表面。测量头与被测表面接触时，测量杆应预先有 0.3~1 mm 的压缩量，保持一定的初始测力，以免由于存在负偏差而测不出值。

4. 量具的维护和保养方法

(1) 测量前，应将量具的测量面和工件被测量面擦净，以免脏物影响测量精度和加快量具磨损。

(2) 量具在使用过程中，不要和工具、刀具放在一起，以免碰坏。

(3) 机床开动时，不要用量具测量工件，否则会加快量具磨损，且容易发生事故。

(4) 温度对量具精度影响很大，不宜存放在热源附近，以免受热变形。

(5) 量具用完后，应及时擦净涂油，放在专用的工具盒中，保存在干燥处，以免生锈。

(6) 精密量具应实行定期鉴定和保养，发现精密量具有不正常现象时，应及时送交计量室检修。

5. 锯削

用锯切割材料或在工件上锯出沟槽的方法叫锯削。

1) 锯条的种类

锯条按锯齿的齿距大小，可分为粗齿锯条、中齿锯条和细齿锯条三种。

2) 锯削方法

(1) 安装锯条：锯削时向前推锯可以锯切，所以安装锯条时，锯齿尖应向前。另外，锯条拉的不宜过紧和过松，过紧容易使锯条崩断，过松锯出的锯缝容易歪斜。一般用两个手指的力能把调整螺母旋紧为止。

(2) 工件安装：工件伸出钳口不能过长，以免锯削时产生振动。锯线应和钳口边缘平行，并夹在台虎钳左边以便于操作。工件应夹紧，但要防止变形和夹坏已加工表面。

(3) 手锯的握法：一般右手握住锯柄，左手轻扶锯弓架的前端。

(4) 起锯：起锯时锯条应与零件表面稍倾斜一个角度

（10°~15°），不宜太大，以防崩齿，另外，起锯时为防止锯条横向滑动，可以用拇指抵住锯条一侧，起锯时可以快速往复推锯，当锯出一个小的锯缝时，左手离开锯条，轻轻按住锯弓前端进行锯削。

（5）锯削时施力情况：锯削时，锯弓作往复直线运动，不应出现摇摆现象，防止锯条断裂。向前推锯时，两手要均匀施加压力，实现切削作用；返回时，锯条要轻轻滑过加工表面，则两手不施加压力。锯削时，往复运动不宜过快，大约每分钟 40~50 次，并应使锯条全长的 2/3 部分参与锯切工作，以防锯条局部磨损，损坏锯条。另外，在锯削时，为了润滑和散热，适当加些润滑剂，如钢件用机油、铝件用水等。

6. 锉削

利用锉刀将零件锉去一层很薄的金属，使零件的几何形状、尺寸表面粗糙度均符合图纸的要求，这种操作方法叫锉削。它可以加工零件的内外表面，沟槽、曲面，以及各种复杂的表面。

1）锉刀的构造

锉刀由锉面、锉边、锉柄（装手柄）组成。钳工锉的规格以工作部分的长度表示，分为 100、150、200、250、300、350、400 mm 等七种。

2）锉削步骤

（1）锉刀握法：使用大的平锉时，应右手握锉刀手柄，左手压在锉刀的另一端，应保持锉刀水平；使用中型平锉时，因用力较小，用左手的大拇指和食指捏着锉刀的前端，引导锉刀水平移动；小锉刀用右手握住即可。

（2）施力情况：刚开始往前推锉刀时，即开始位置，左手压力大，右手压力小。推进中两力应逐渐变化，至中间位置时两力相等，再往前锉时右手压力逐渐增大，左手压力逐渐减小。这样使左右手的力矩平衡，使锉刀保持水平运动。否则，开始阶段锉柄下偏，后半段时前段下偏，会形成前后低而中间凸起的表面。

(3) 锉削平面的方法：

第一种：顺向锉法，锉刀与工件垂直锉削，用于锉平或锉光。

第二种：交叉锉法，锉刀与工件成30°~45°，交替变换，多用于粗加工。

第三种：推锉法，余量小时用，或用于修光。尤其适用于加工较窄的表面，以及顺向锉法时锉刀前进受到阻碍的情况。

7. 凿削

凿削就是用手锤锤击凿子（或叫錾子），凿子对金属工件进行加工。

(1) 手锤的分类：圆头手锤，方头手锤。锤头用碳素工具钢制成并淬硬。

(2) 凿子的种类：扁凿、窄凿、油槽凿。

(3) 安全知识：操作者应戴上防护眼镜，前面最好有安全网；凿子头部若有毛刺产生，及时磨平；锤柄若有松动或损坏，立即装牢或更换。

8. 钳台和装拆工作台

钳台也叫钳工案子，用于安装虎钳，放置工具和工件。钳台用木料制成，大都在下部还附有存放工具等的小抽屉或小柜。钳台的高度约为800~900 mm，面板厚70~80 mm，宽和长随需要而定。钳台上虎钳的前方设有安全网。在台上放置的任何物体不许伸出台边以外。左手用的工具放在虎钳的左边，右手用的放在右边，并且放置的位置要固定，尽量做到伸手到位即可取得。装拆工作台不装虎钳，一般不设抽屉和小柜，用于中、小部件的装、拆。装拆工作台可采用钢结构，但上面要垫以橡胶板。

9. 虎钳

虎钳装在钳台上用来夹持工件，有固定式和回转式两种。当顺（或逆）时针方向转动手柄时，可带动螺杆，使活动钳身向固定钳身靠近（或离开），通过钳口将工件夹紧（或放松）。钳口用沉头螺钉固定，工作表面开有交叉的浅槽，以防止工件滑动。

回转式虎钳的底座用螺栓紧固在钳台上，当逆时针方向转动手柄将紧定螺钉松开后，转盘以上的部件可用手扳动，在底座上回转。

固定式虎钳的底座直接用螺栓紧固在钳台上，上部不能转动。

虎钳的规格用钳口的长度来表示，有 100、130、150、180 mm四种。

使用虎钳时的注意事项如下：

（1）底座螺栓必须紧固。固定钳口的工作面必须露在钳台边沿以外，才能竖向夹持长工件。钳口上表面距地面的高度最好根据使用者的身高确定。

（2）被夹持工件的厚度不许大于钳口最大开口宽度的 2/3。

（3）工件未夹紧前或开始放松前都必须握紧，以防掉落。

（4）较重的工件下部必须垫稳。长工件的自由端必须另外采取支承措施，防止振动、变形和坠落。

（5）夹持软金属和已加工表面时，要在钳口与工件间加软材料（铜片或铝片等）做的钳口垫。

（6）工件夹持的松紧程度必须适当。不许用套管来加长手柄或用锤子打击手柄。150 mm 以上规格的虎钳允许用双手按住手柄，用全身的力量下压夹紧工件。

（7）要妥善保护活动钳身的导轨。

（8）强力作业时，外力要向着固定钳身。

（9）导轨和螺杆的螺纹要定期注油，经常用带油的布抹钳口及所有加工面。

（10）手柄松开时必须处于铅垂方向，夹持时应处于倾斜或铅垂方向，并落下到最低位置。

10. 砂轮机

砂轮机有多种形式。砂轮机的主要组成部分有：机座、控制按钮、支持工件的托架、装在同一根传动轴两端的两个砂轮（通常一个粒度较粗，一个较细）、保护罩、外罩，以及装在机座内部、经三角带传动砂轮轴的电动机。打开机座上的盖板，可以调节三角带的松紧程度。

砂轮的质地很脆，开裂的砂轮转动或转动中的砂轮碎裂都可能造成严重的危害。所以，安装和使用砂轮时的首要问题就是确保安全，防止对人员造成伤害。在工作中必须遵守下列各项：

(1) 磨削时应戴防护眼镜。

(2) 无保护罩、保护罩或砂轮不紧固、砂轮裂纹时不许使用。

(3) 托架不用时要转到旁边，用托架时，托架与砂轮间的距离不能大于 3 mm，防止工件楔入托架与砂轮之间将砂轮挤坏。

(4) 砂轮机起动时，人体不要正对砂轮，发现异常立即停机，并通知负责人员处理；只有在全速转动而没有异常现象时才允许磨削。

(5) 磨削时，必须握紧工件，两脚分开站稳，上臂靠在胸侧，上肢肌肉稍微绷紧，视线集中在工件的被磨部位。

(6) 工件必须平稳地接近砂轮，慢慢加压，压力不可过大，并不准用身体推压。

(7) 注意防止较大工件对砂轮的撞击，不许磨削大工件。

(8) 软金属和木材不准在砂轮机上磨削。

(9) 只有在刃磨刀具时才允许用砂轮侧面磨削，但砂轮厚度小于 20 mm 时，禁止用侧面磨削。

三、识图基本知识

机械图纸中最常用的是正投影三视图，由主视图、俯视图和左视图组成。

1. 三视图

将垫块由前向后向正立投影面（简称正面，用 *V* 表示）投射，在正面上得到一个视图，称为主视图（图 2-2a）；加一个与正面垂直的水平投影面（简称水平面，用 *H* 表示），并由垫块的上方向下投射，在水平面上得到第二个视图，称为俯视图（图 2-2b）；加一个与正面和水平面均垂直的侧立投影面（简称侧面，用 *W* 表示），从垫块的左方向右投射，在侧面上得到第三个视图，称为左视图（图 2-2c）。显然垫块的三个视图从三个不同方向反映了垫块的形状。

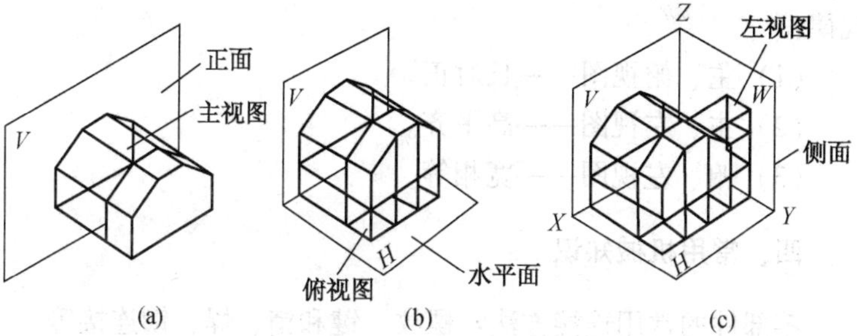

图 2-2 三视图的形成

2. 视图的投影关系

物体有长、宽、高三个方向大小的通常规定：物体左右之间的距离为长，前后之间的距离为宽，上下之间的距离为高。从图 2-3 可以看出，一个视图只能反映物体两个方向的大小。如主视图反映垫块的长和高，俯视图反映垫块的长和宽，左视图反映垫块的宽和高。由上述三个投影面展开过程可知，俯视图在主视图的下方，对应的长度相等，且左右两端对正，即主、俯视图相应部分的连线为互相平行的竖直线。同理，左视图与主视图高度相等且对齐，即主、左视图相应部分在同一条水平线上。左视图与俯视图均反映垫块的宽度。

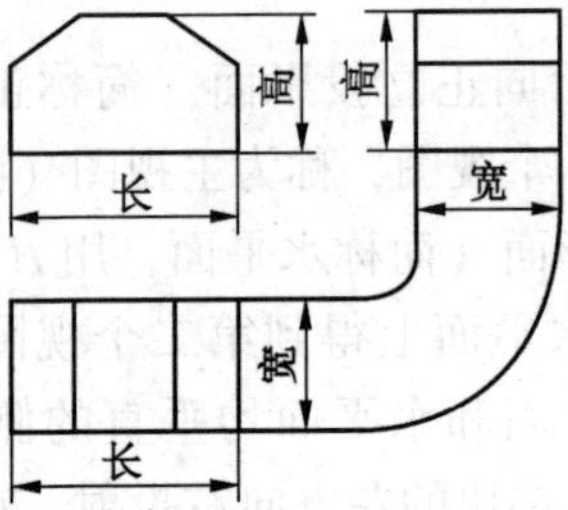

图2-3　三视图的投影关系

根据上述三视图之间的投影关系，可归纳为以下 3 条投影规律：

(1) 主、俯视图——长对正。

(2) 主、左视图——高平齐。

(3) 俯、左视图——宽相等。

四、常用机械知识

零部件的常用连接方法：螺纹、键和销、焊、铆连接等。

(一) 螺纹连接

1. 螺纹种类

(1) 螺纹的种类：螺纹的种类很多，在圆柱或圆锥表面上加工出的螺纹叫外螺纹，在孔壁上加工出的螺纹叫内螺纹。按着螺纹的旋转方向不同，可以分为顺时针方向旋入的右螺纹和逆时针方向旋入的左螺纹，螺纹的旋向可以用右手来判定，手心对着自己，螺纹的旋向与右手大拇指的指向一致为右螺纹，反之为左螺纹，一般常用右螺纹。按着螺旋线的数目不同，还可分为单线螺纹和多线螺纹。螺纹按用途的不同，可分为连接螺纹和传动螺纹两大类，按其截面的形状不同，还可以分为三角形、梯形、锯齿形、矩形以及其他特殊形状的螺纹。

(2) 普通螺纹的主要参数有：大径、小径、中径、螺距、导程、线数、牙型角和升角等8个。对于标准螺纹来说，只要知道大径、线数、螺距和牙型角就可以了，而其他参数，可通过计算或查表得出。

2. 螺纹在使用中的注意事项

（1）螺纹连接件和锁紧件必须齐全、牢固可靠。螺栓头部和螺母不得有铲伤、棱角严重变形。螺孔乱扣、滑扣时，允许扩孔，增大螺栓直径，但不能因扩孔而影响被扩工件的机械强度和工作性能。

（2）螺母必须拧紧，拧紧后螺栓的螺纹应露出螺母1~3个螺距，不得在螺母下加多余的垫圈来减少螺栓露出长度。

（3）螺栓不得弯曲，螺纹损伤不得超过螺纹工作高度的1/2，且连续不得超过一周。连接件螺栓的螺纹旋入孔内长度不得小于螺纹直径的1.5倍。沉头螺栓拧紧后，沉头部分不得凸出连接件的表面。

（4）螺纹表面必须光洁，不得用粗制螺纹代替精制螺纹。

（5）同一部位的紧固件规格必须一致，材质必须满足设计要求。主要连接部位或受冲击载荷容易松动部位的螺母，必须使用防松螺母或其他防松方法。

（6）使用花螺母时，开口销应符合要求。使用止动垫圈时，包角应稳固；使用铁丝锁紧时，其拉紧方向必须和螺栓方向一致，接头应向内弯曲。

（7）弹簧垫圈应有足够的弹性（自由状态开口重叠部分不得大于垫圈厚度的1/2）。

（8）螺栓头部或螺母必须和相接触的部件紧贴。如该处为斜面时，应加相同斜度的斜垫。

（9）铆钉必须不生锈，不变形，紧固有效，铆接对口不得有错动痕迹。

（10）定位销和定位孔相吻合，不松旷。

(二) 键连接和销连接

1. 键

(1) 键连接：键用于连接轴和轴上的传动零件（如齿轮、皮带轮等），以便传递扭矩。键是标准件，可按有关标准选用。

(2) 常用的键有普通平键、半圆键和钩头楔键等。

2. 销

(1) 销连接：销连接主要用来固定零件间的相对位置，与平键连接相比较，它所承受的载荷要小，主要起定位作用。

(2) 销分圆柱销和圆锥销两种。圆锥销标准锥度为1∶50，且以小端直径为标准。两者都选过渡配合。有时也用开口销。

(三) 焊接

1. 定义

用手工操纵焊条进行焊接的电弧焊方法称为手工电弧焊，它是利用焊条和焊件之间产生的电弧将焊条和焊件局部加热到熔化状态，焊条端部熔化后的熔滴和熔化的母材融合一起形成熔池，随着电弧向前移动，熔池液态金属逐步冷却结晶，形成焊缝。

2. 手工电弧焊的优点

手工电弧焊的优点是使用的设备简单，方法简便灵活，适应性强，对大部分金属材料的焊接均适用。缺点是生产率较低，特别是在焊接厚板多层焊时，焊接质量不够稳定；可焊最小厚度为1.0 mm，一般易掌握的最小焊接厚度为1.5 mm；对焊工的操作技术要求高，焊接质量在一定程度上决定于焊工的操作技术；对于活泼金属（Ti、Nb、Zr等）和难熔金属（如Mo），由于其保护效果较差，焊接质量达不到要求，因此不能采用手弧焊。另外对于低熔点金属（如Pb、Sn、Zn）及其合金，由于电弧温度太高，也不可能用手弧焊。目前，由于重力焊条、立向下焊焊条、低毒、低尘焊条及铁粉焊条等高效或专用焊条日益得到广泛应用，使手弧焊工艺得到了进一步的发展。

3. 焊接材料

焊接材料包括焊条、焊丝、焊剂、气体、电极、衬垫等。

（四）铆接

1. 基本知识

铆接的定义：使用铆钉连接两件或两件以上的工件叫铆接。铆接的基本形式有 3 种：对接，搭接，角接。

2. 铆接的基本种类有 3 种

强固铆缝：以强度为基本要求的铆缝，要求能承受强大的压力，而对接缝的严密度不作特别要求。如：房架、桥梁、车辆、起重机等均属于这一类铆接。

强密铆缝：既要求强度又要求紧密性的铆缝，这种铆接既要求能承受强大的压力，又要求接缝处相当紧密。如：锅炉、压缩空气罐及其他高压容器等。

紧密铆缝：仅以紧密性为基本要求的铆缝，这种铆接不能承受强大的压力，只能承受均匀而较小的压力，但对其接缝处，必须绝对保持紧密，以防止发生泄漏现象。如：水箱、气箱、油罐结构等均属于紧密铆接。

3. 铆接方式

可分为两种冷铆和热铆。铆钉在常温状态的铆接称为冷铆。将铆钉预先加热后的铆接称为热铆。

4. 铆钉的种类

常用的铆钉有：半圆头、沉头、半沉头、平头、平锥头、扁圆、扁平等几种。

5. 铆钉长度确定

铆钉长度公式：$L \approx 1.12\delta$（板料总厚度）$+1.4d$（铆钉直径），注：板料的总厚度不得超过铆钉直径的四倍。

6. 铆钉长度与铆接质量的关系

铆钉过长，铆钉墩头就过大，钉杆易弯曲；铆钉过短，则墩粗量不足，钉头成型不完整，影响铆接强度和紧密性。

7. 铆接的优点

(1) 铆接的成本低。在同等品质的情况下，铆接的成本要比焊接低很多的，只要能满足使用性能，生产者通常都是使用最低成本的方法。

(2) 方便生产，易于实现生产自动化。铆接只要打好铆钉就完事了；而焊接在这方面，自动化的质量不好控制，焊完后可能会出现变形之类的问题，而且还有些后续的工序，这也是导致高成本的原因。

五、机械传动

机械传动主要包括摩擦传动、带传动、链传动、螺旋传动、齿轮传动。

1. 摩擦轮传动

利用两轮直接接触所产生的摩擦力来传递运动和动力的一种机械传动。在正常传动时，主动轮依靠摩擦力的作用带动从动轮转动，并保证两轮面的接触处有足够大摩擦力，使主动轮产生的摩擦力足以克服从动轮产生的阻力矩。

2. 带传动

利用带作为中间挠性件，依靠带与带轮之间的摩擦力或啮合来传递运动和动力的，带呈封闭的环形，并以一定的初拉力套在两轮上，主动轮旋转时，靠摩擦力拖动带运动，带又靠摩擦力拖动从动轮回转。带的类型有平带、V 型带、圆带和同步带等。

3. 链传动

是由链条和具有特殊齿型的链轮组成的传递运动和（或）动力的传动。它是一种具有中间挠性的啮合传动。当主动链轮回转时，依靠链条与两轮之间的啮合力，使从动轮回转，进而实现运动和（或）动力的传递。

4. 螺旋传动

是利用内、外螺纹组成的螺旋副传递运动和动力的传动装置。螺旋传动可以方便地把主动件的回转运动转变为从动件的直线运动。

5. 齿轮传动

利用齿轮副来传递运动和（或）动力的一种机械运动。

六、装配知识

1. 装配前的准备工作

（1）研究和熟悉装配图，了解设备的结构、零件的作用以及相互的连接关系。

（2）确定装配方法、顺序，准备所需的装配工具。

（3）对零件进行清理和清洗。

（4）对某些零件要进行修配密封试验或平衡工作等。

2. 装配工作要点

（1）清理和清洗。清理是指去除零件残留的型砂、铁锈及切屑等，清洗是指对零件表面的洗涤。

（2）加润滑剂。相配表面在配合或连接前，一般都需要加润滑剂。

（3）配合尺寸准确。装配时，对于某些较重要的配合尺寸进行复验或抽验，尤其对过盈配合，装配后不再拆下的零件，这常常是很必要的。

（4）做到边装配边检查。当所装配的产品较复杂时，每装完一部分就应检查是否符合要求。在对螺纹连接件进行紧固的过程中，还应注意对其他有关零部件的影响。

（5）试车时的事前检查和启动过程的监视。试车即意味着机器将开始运动并经受负荷的考验，因此，应做好事前检查不能盲目从事。机器启动后，应立即观察主要参数和运动件是否正常运动。主要工作参数包括润滑油压力、温度、振动和噪声等。

3. 螺纹连接装配

螺纹连接是一种可拆的固定连接，它具有结构简单、连接可靠、装拆方便等优点。

(1) 螺纹在装配前要仔细清理工作表面、锐边倒角并检查是否与图样相符。旋紧的次序要合理方形和圆形的连接顺序一般是从中间向两边对称扩展。

(2) 螺纹的防松措施：①增加摩擦力防松，它采用双螺母锁紧或弹簧垫圈防松，结构简单、可靠，应用普遍。②机械防松装置，分为开口销和带槽螺母装置、止动垫圈装置和窜连钢丝绳装置三种。③点铆法防松，这种方法拆后的零件不能使用，故只能在特殊需要的情况下使用。④胶结法防松，在螺纹连接面涂厌氧胶，拧紧后，胶黏剂固化，即可粘住，防松效果良好。

4. 联轴器的装配

装配的主要技术要求是应保证两轴的同轴度。

键和键槽：

(1) 键的表面应光滑平整，规格符合要求，四角倒棱，材质的抗剪切强度不得低于 45 号钢的剪切强度。

(2) 键和轮毂键槽规格和公差符合标准。

(3) 键和键槽之间不得加垫。平键键槽磨损后，允许加宽原槽的 5%。轴及轮毂的键槽宽度应一致。

(4) 装配楔键和切向键时，键初打入键槽的长度，不得小于键全长的 80%，不得大于键全长的 95%（钩头键不包括钩头的长度）。键与轮毂的接触长度不得小于轮毂宽度的 80%。花键的接触齿数应不小于总齿数的 2/3。

(5) 平键键槽的中心线与轴的轴心线的平行度、平键和键槽配合公差，均应符合技术文件的规定。

5. 滚动轴承的装配

(1) 滚动轴承上带有标记代号的端面应装在可见方向，以便更换时查对。

(2) 轴承装在轴上或装入轴承座孔后，不允许有歪斜现象。

(3) 同轴的两个轴承中，必须有一个轴承在轴承受热膨胀时有轴向移动的余地。

(4) 装配轴承时，压力（或冲击力）应直接加在待配合的套圈端面上，不允许通过滚动物体传递压力。

(5) 装配过程中应保持清洁，防止异物进入轴承内。

(6) 装配后的轴承应运转灵活，噪声小，工作温度不超过75 ℃。

七、液压技术基础知识

1. 液压传动的介绍

液压传动是用液体作为工作介质来传递能量和进行控制的传动方式。

2. 液压传动的基本原理

在密闭的容器内，利用有压力的油液作为工作介质来实现能量转换和传递动力的。其中的液体称为工作介质，一般为矿物油，它的作用和机械传动中的皮带、链条和齿轮等传动元件相类似。液压传动是利用帕斯卡原理，在密闭环境中，向液体施加一个力，这个液体会向各个方向传递这个力，且力的大小不变。液压传动就是利用这个物理性质，向一个物体施加一个力，利用帕斯卡原理使这个力变大，从而起到举起重物的效果。传递动力时，基于能量守恒定律，传递力时，基于帕斯卡原理。

3. 液压系统的组成

液压系统一般由以下五个主要部分来组成：

(1) 动力元件，它是供给液压系统压力油，把机械能转换成液压能的装置。最常见的形式是液压泵。

(2) 执行元件，它是把液压能转换成机械能的装置。其形式有做直线运动的液压缸，有作回转运动的液压马达。

(3) 控制元件，它是对系统中的压力、流量或流动方向进行控制或调节的装置。如溢流阀、节流阀、换向阀、开停阀等。

(4) 辅助元件，上述三部分之外的其他装置，例如油箱、滤油器、油管等。它们保证系统正常工作是必不可少的。

(5) 工作介质，传递能量的流体，如液压油等。

4. 液压传动的主要参数

(1) 压力：也就是单位面积上液体的作用力，用符号 P 表示。压力的单位：Pa(帕)，1 Pa = 1 N/m^2，1 MPa = 10^6 Pa = 10 bar(巴)，1 bar 约等于 1 kg/cm^2。

(2) 流量：单位时间通过某截面的液体体积。一般用 Q 或 q 表示。流量的单位：法定计量单位是 m^3/s(米^3/秒)，常用单位：L/min(升/分)。

5. 液压图例 (图 2-4)

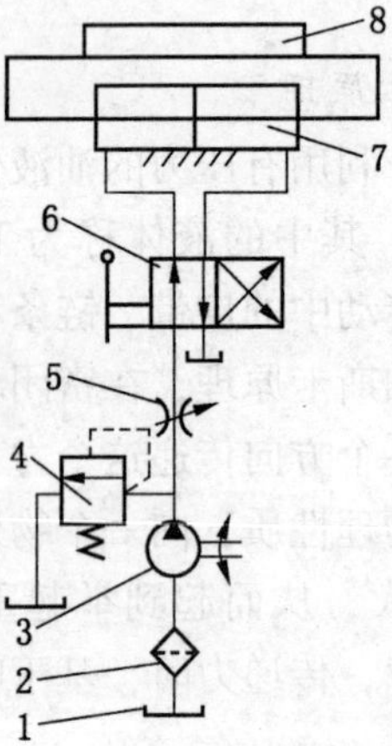

1—油箱；2—过滤器；3—液压泵；4—溢流阀；
5—节流阀；6—换向阀；7—液压缸；8—工作台

图 2-4 机床工作台液压传动符号图

八、专业知识

(一) 提升机机械维修作业专业知识

根据井筒的倾角和提升容器不同，矿井提升系统可分为立井普通罐笼提升系统、立井箕斗提升系统和斜井串车提升系统。矿井提升系统按用途可分为主井提升系统和副井提升系统。主井提升系统主要承担着将煤炭从井下提升至地面的任务；副井提升系统担负着升降人员、运送设备、物料、提升矸石和煤泥等任务。按提升机类型可分为缠绕式提升机和摩擦式提升机。

矿井提升机主要由主轴装置、减速器、深度指示器、制动装置及导向轮等组成。

1. 主轴装置

由轴承梁、轴承座、端盖、主轴、滚动轴承、轴承盖、轮毂、制动盘、挡板、摩擦衬垫、压块、螺栓、联结轴、更换齿轮(接提升容器位置指示器)、固定块组成。

2. 减速器

JKM 型提升机减速器的型号为 ZG 型、ZHG 型。JKD 型提升机减速器的型号为 ZHG 型，其型号意义以 ZHG-70 加以说明：

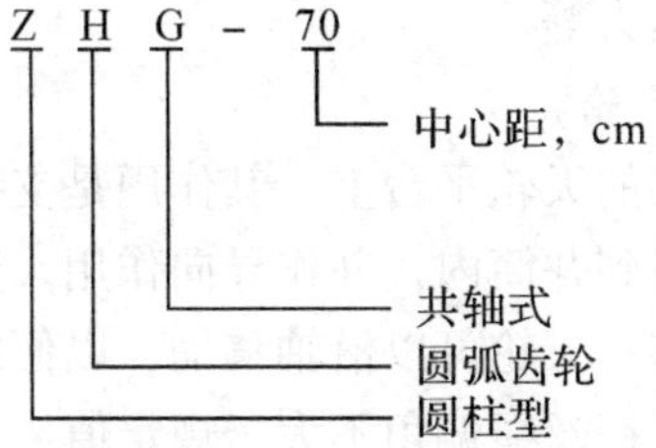

3. 提升容器位置指示器

摩擦式提升机在提升过程中，不可避免地会出现钢丝绳蠕动现象，钢丝绳与摩擦轮衬垫间会出现相对位移，衬垫会出现磨损；还可能出现打滑及钢丝绳伸长等现象。所有这些都会影响位置指示器的准确性。因此，摩擦式提升机的位置指示器，除了应具备缠绕式提升机所具有的功能外，还应有自动调零作用。所谓调零就是每提升一循环之后，在停车期间，自动校正一次，把指针调到零，以防误差积累。目前我国设计的有两种调零机构：立式位置指示器调零机构和水平位置指示器调零机构。

4. 制动装置

1）作用

(1) 在提升机停止工作时，能可靠地闸住提升机，即正常停车。

(2) 在减速阶段，参与提升机的控制，即工作制动。

(3) 当发生事故或紧急情况时，能迅速闸住提升机，即安全制动。

(4) 双卷筒提升机在更换水平、调节钢丝绳长度时，应能闸住游动卷筒，松开固定卷筒。

2) 组成

提升机制动装置由执行机构及传动机构组成。执行机构称为制动器或制动闸，按结构可分为块式制动闸与盘式制动闸。传动机构是控制、调节或解除制动的机构，按制动力的来源可分为重锤重力、弹簧弹力、空气压力及油压等；按松闸的方式可分为手动、油压及空气压力等。

5. 导向轮（天轮）

天轮位于井架的天轮平台上，其作用是支撑和引导提升机房出来的提升钢丝绳到井筒内，并作导向作用。天轮有移动天轮和固定天轮两种，移动天轮可以沿轴移动，以便缩短提升机和天轮间的距离，并保证钢丝绳偏角不大于规定值，多用于井下暗斜井或上（下）山运输。固定天轮不能沿轴移动，多用于大型提升设备。

天轮轮缘上的绳槽分为带衬垫和无衬垫两种。带衬垫天轮是将衬垫镶嵌在轮缘的绳槽内，这样既可以减少钢丝绳的磨损又可以避免天轮轮缘的磨损，延长天轮和钢丝绳的使用寿命。

(二) 空压机机械维修作业专业知识

空气压缩机是一种压缩气体，提高气体压力或输送气体的机器。压缩空气供驱动各种风动机械、风动工具之用，通常使用压力为 0.4~1.5 MPa。我国对压缩机的生产最早是以活塞式压缩机为主，活塞式空气压缩机在井工煤矿系统已禁止使用，现在使用比活塞式压缩机更优越的新一代压缩机——螺杆式空气压缩机。

1. 空气压缩机组成

螺杆空压机主要由主机和辅机两大部分组成，主机包括螺杆空压机主机和主电机，辅机包括进排气系统、喷油及油气分离系统、冷却系统、控制系统和电气系统等。

2. 空气压缩机工作原理

1）吸气过程

螺杆式进气侧吸气口的设计必须使压缩室可以充分吸气，而螺杆式压缩机并无进气与排气阀组，进气只靠调节阀的开启、关闭调节，当转子转动时，主副转子的齿沟空间在转至进气端壁开口时，其空间最大，此时转子的齿沟空间与进气口的自由空气相通，因在排气时齿沟的空气被全数排出，排气完了时，齿沟处于真空状态，当转到进气口时，外界空气即被吸入，沿轴向流入主副转子的齿沟内。当空气充满整个齿沟时，转子的进气侧端面转离了机壳的进气口，在齿沟间的空气即被封闭，以上为进气过程。封闭及输送过程：主副两转子在吸气终了时，其主副转子齿峰会与机壳闭封，此时空气在齿沟内封闭不再外流，即封闭过程。两转子继续转动，其齿峰与齿沟在吸气端吻合，吻合面逐渐向排气端移动，此即输送过程。

2）排气过程

当转子的啮合端面转到与机壳排气相通时，（此时压缩气体压力最高），被压缩的气体开始排出，直至齿峰与齿沟的啮合面移至排气端面，此时两转子啮合面与机壳排气口的齿沟空间为零，即完成（排气过程），在此同时转子啮合面与机壳进气口之间的齿沟长度又达到最长，其吸气过程又在进行。

3）压缩及喷油过程

在输送过程中，啮合面逐渐向排气端移动，亦即啮合面与排气口间的齿沟间渐渐减小，齿沟内的气体逐渐被压缩，压力提高，此即压缩过程。而压缩同时润滑油亦因压力差的作用而喷入压缩室内与室气混合。

3. 润滑系统

压缩机排气端压缩出来的是油气混合体，经油气分离罐分离后，大约90%的压缩机油被截留于油罐内，余下10%左右的润滑油和压缩气体再经油精分离器分离下来。

这一小部分油通过插入油精分离器内的小管吸出流入主机低压端，其中装有单向节流阀，它的作用是单向节流，及时地把分离出来的油吸走。另一方面，防止停机时主机内的润滑油倒流入油精分离器内。

分离罐内的热油进入温控阀，温控阀内设有温控器，它根据流入油的温度控制开启量（即流入冷却器和旁通流量的比例）来控制排气温度不至于过低（注：因过低的排气温度会导致压缩气体中的水分在分离罐内被凝析出来，使油发生乳化变质失去润滑作用而不能继续使用），经温控阀的油通过油过滤器后喷入主机。

润滑油的循环机理是由分离油罐与主机低压腔之间建立的压差关系维持，为了在机器运行过程中保持油循环的进行，必须保证分离油罐内始终有0.25 MPa以上的压力，故最小压力阀就是起到这一调节作用的。

4. 减荷阀控制系统

减荷阀集合了排气量比例调节、通断调节、减荷消声降压以及停机放空等功能。

减荷阀的开启度决定了进气量的大小，是气量调节的执行机构，当压缩机启动时，减荷阀阀门处于关闭位置，以减少压缩机的启动负荷及空载负荷；当压力接近（可通过螺钉调节）系统设定压力时，比例阀开始工作，减荷阀阀门随压力的升高而逐渐关小，排气量也按比例变小，此过程称为比例调节过程；当压力超过额定工作压力时，减荷阀阀门关闭，使压缩机处于空载状态，直到压力降低到规定值时，阀门打开，压缩机又进入正常运转，此过程称为通断调节。

减荷时有小部分的气体通过阀内的小孔放掉，以平衡减荷阀小孔的吸入气量，使分离油罐内的压力保持在0.2~0.3 MPa，维持正常的润滑油循环；回气阀的作用是，减荷时，通过该阀放气，快速地把分离罐内压力降低至0.2~0.3 MPa（可通过螺钉调节），以降低减荷时的功耗。

减荷阀的开启关闭动作是由调节系统的压力传感器和装在减荷阀上的比例调节阀和电磁阀自动控制，减荷阀的开启关闭动作是否灵活，对压缩机的可靠性是很重要的，因此，减荷阀应定期保养，以维持良好的工作状态。保养时，须将零件拆下，检查各摩擦表面的磨损情况，特别需注意检查橡胶密封圈表面，如有损坏或裂缝，则须更换新件，在重新安装时，各零件应清洗干净，金属零件的摩擦表面应涂上润滑油。

5. 冷却器系统

冷却器的作用是冷却压缩机排出的压缩空气及润滑油。

在风冷型热交换过程中，空气侧的热阻起主导作用，因此要经常保持散热片和板管表面的清洁，如有大量的油污和尘垢，可用压缩空气清除，冷却器应定时定期进行清洗，清洗外表面时，可用汽油或煤油刷洗，然后用压缩空气吹净。

6. 空气过滤器

空气过滤器主要由纸质滤芯与壳体组成。

空气经过纸质滤芯的微孔，使灰尘等固体杂质过滤在滤芯的外表面，不进入压缩机主机内，以防止相对运动件的磨损和润滑油加速氧化。

7. 油过滤器

油过滤器一般是由滤芯、壳体集成的高容量旋装式过滤器。

它的作用是在润滑油的循环过程中，不断地把油中的氧化物、颗粒、粉尘等杂质滤掉截留，以保证提供洁净的润滑油供主机润滑。

8. 油气分离罐

油分离部分主要由分离罐和油精分离器组成。

来自主机排气口的油气混合物进入油分离罐体空间，经过改变方向、转折作用，大部分油聚集于罐体的下部，含有少量润滑油的压缩空气经过油精分离器使润滑油获得充分的回收，油精分离器收集到的润滑油被插入油精分离器内的管子抽出，经节流单向阀流入主机的低压部分。

在油分离器上部装有安全阀，当容器内压力过高，通过该安全阀释放空气，确保压缩机的安全使用，油分离器的下部设有加油口和油位指示器，开机后油面必须保持在油位指示器的中间位置。压缩机工作一段时间停机后，空气中的水分会冷凝沉积在分离罐的底部，所以应经常通过装在分离罐底部的排污阀排出水分，延长润滑油的使用寿命。

9. 最小压力阀

最小压力阀如图 2-5 所示。

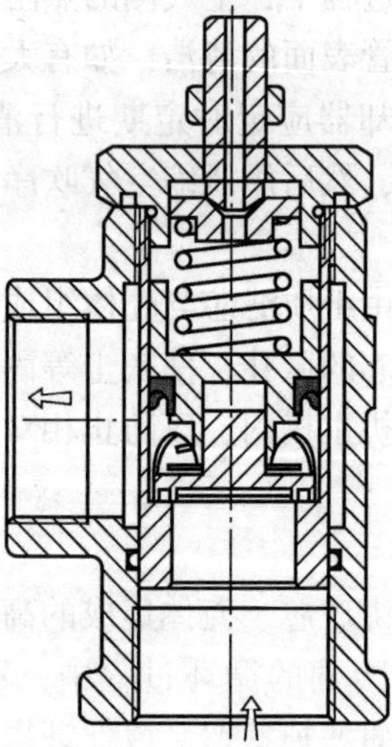

图 2-5　最小压力阀

最小压力阀由阀体、阀芯、弹簧、密封圈、调整螺钉等组成。

最小压力阀装在油精分离器的出口，它的作用是保持油分离罐内的压力不至于降到 0.25 MPa 以下，这样能使含油的压缩空气在分离器内得到较好的分离，减少润滑油的损耗。

同时最小压力阀能保证建立油压所需的气体压力。最小压力阀也有单向阀的作用，防止停机时系统中的压缩空气倒流。最小压力阀的保持压力在出厂时已调整好，如由于使用时间过长，保持压力变化时，可通过该阀上的调整螺钉调节。

10. 温控阀

温控阀的作用是控制压缩机的最低喷油温度，因为较低的喷油温度会使压缩机主机的排气温度偏低，而在油气分离器内析出冷凝水，恶化润滑油的品质，缩短其使用寿命。当控制喷油温度高于一定温度时，排出的空气和润滑油的混合气始终会高于露点温度。

图 2-6 所示为其工作原理结构示意图。由油罐来的油进入温控阀 E 口，当温度小于 70 ℃时，温控元件 3 伸长，推动活塞 1，开始关闭 E-H 之间的通道，而逐渐打开 E-U 之间的通道，两个通道流通面积的比例由进油温度决定的，经 U 流出的油被冷却后进入 R 口，与经 H 旁通过来的热油混合并经过滤后进入主机，当进油温度较高时，E-H 之间的通道全部关闭，全部的油都进入冷却器被冷却。

11. 安全阀

安全阀装在分离油罐上，当调节系统万一发生故障，排气压力上升达到安全阀开启压力时，气体顶开阀芯向大气喷射，使分离油罐的压力下降，当压力下降到安全阀关闭压力时，安全阀自动关闭。一般安全阀开启压力比压缩机的额定压力高 0.05～0.1 MPa。

12. 气水分离器

气水分离器由壳体，浮筒，粗、细滤网，护罩等组成。

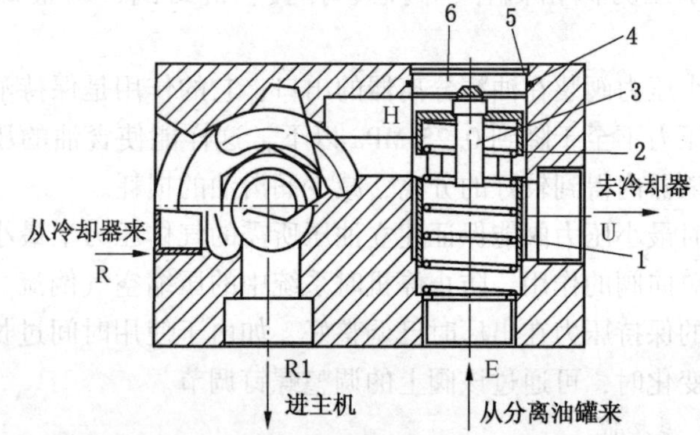

图 2-6 温控阀工作原理结构示意图

压缩空气中的水分经气水分离器分离出后，由装在气水分离器底部的自动排污阀排水。注意：应定期对自动排污阀进行清洗。

13. 空气压缩机附属设施

空气压缩机附属设施包括储气罐、管路、冷却水池等。

（三）主排水机械维修作业专业知识

目前我国煤矿大多采用离心式水泵排出矿井的自然涌水，排水设备功率大、电耗高。了解排水设备的性能与结构，加强设备的检修对于节省电耗有着重要的意义。主排水泵一般采用多级分段离心式水泵。

1. 系统组成

主排水系统由水泵及仪表、引流装置、管路及附件，水仓、吸水井等组成。

2. 主排水泵

1）结构与工作原理

（1）离心泵主要由定子部分、转子部分、平衡机构、轴承部分及密封部分组成。

泵的定子部分由进水段、中段、排水段、导叶、填料函体、轴承体、拉紧螺栓等组成，泵的入口为水平方向，出口为垂直向上方向，导叶、密封环采用耐磨球墨铸铁。

泵的转子部分由轴及装在轴上的叶轮、叶轮挡套、轴套和用来平衡轴向力的平衡盘等组成，叶轮、叶轮挡套均采用耐磨球墨铸铁。

平衡机构由平衡环、平衡套、平衡盘衬环以及平衡管路等组成。

轴承部分采用单列向心滚柱轴承，能够满足泵在运转时发生的轴向窜动，轴承采用黄油润滑。MD85-67、MD155-67 两系列泵是采用 20 号机油润滑，所加入油量应在油窗的1/3处。

泵的密封泵进水段、中段、排水段之间的结合面是用纸垫密封，转动部分的密封分别靠密封环和导叶套来达到，为防止水进入轴承，在轴套间装了 O 型密封圈，泵的两端以软填料密封，并装有水封部件，起防止空气进入和润滑填料的作用。

进水侧填料及填料环分部如图 2-7 所示。排水侧与进水侧相同泵的转向从联轴器端看泵，转动方向为顺时针旋转。

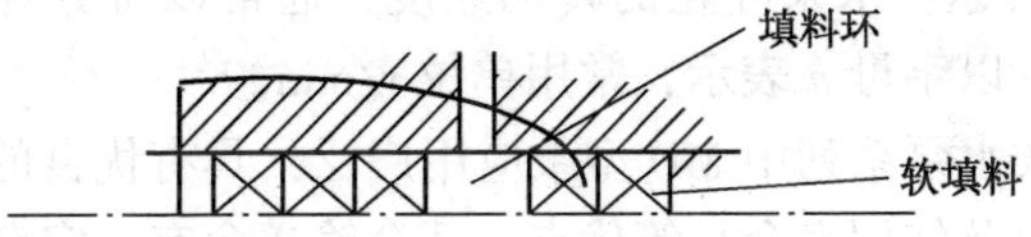

图 2-7 进水侧填料及填料环分部

（2）工作原理。

当电机带动轴上的叶轮高速旋转时，充满在叶轮内的液体在离心力的作用下，从叶轮中心沿着叶片间的流道甩向叶轮的四周，由于液体受到叶片的作用，使压力和速度同时增加，经过导壳的流道而被引向次一级的叶轮，这样，逐次地流过所有的叶轮和导壳，进一步使液体的压力能量增加。将每个叶轮逐级叠加之后，就获得一定扬程，将井下液体举升到地面。

2）离心式水泵基本性能

水泵的基本性能，通常由6个性能参数来表示：

（1）流量（抽水量）：水泵在单位时间内所输送的液体的体积或质量。以字母Q表示，常用单位是m^3/s、L/s、t/h。水泵铭牌上的流量是指设计流量，又称额定流量，水泵在此流量下运行效率最高。

（2）扬程（水头）：水泵对单位重量（1 kg）液体所做的功，也即单位重量液体通过水泵后其能量的增值。以字母H表示，单位以m表示。

（3）功率：以P表示，单位以kW表示，水泵铭牌上为轴功率，即额定功率。有效功率（输出功率）——单位时间内水泵对液体所做的功，以P_u表示。

（4）效率：水泵的有效功率与轴功率的比值，以η表示。水泵铭牌上效率为对应于通过设计流量时的最高效率。

（5）允许吸上真空高度：允许吸上真空高度——指水泵在标准状况下（即水温为20 ℃、一个标准大气压）运转时，水泵所允许的最大的吸上真空高度。单位为m。

（6）转速：水泵叶轮的转动速度，通常以每分钟转动的次数来表示，以字母n表示，常用单位r/min。

离心式水泵系列中MD型泵应用广泛，具有优良的耐磨性和汽蚀性，以及使用寿命长等优点，适合输送含有一定杂质量的水（含杂质量小于1.5%，颗粒度小于0.5 mm）。

型号意义说明

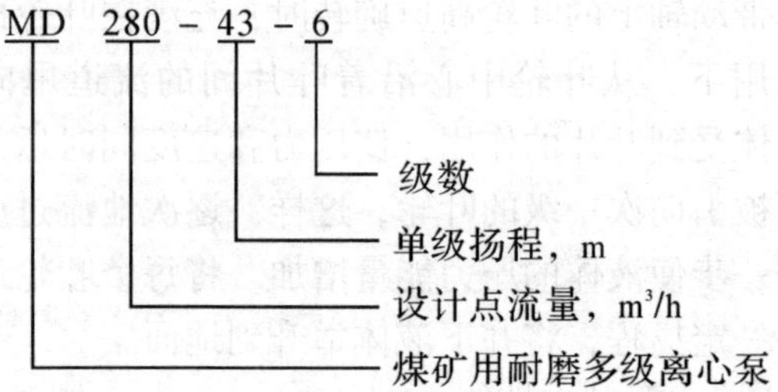

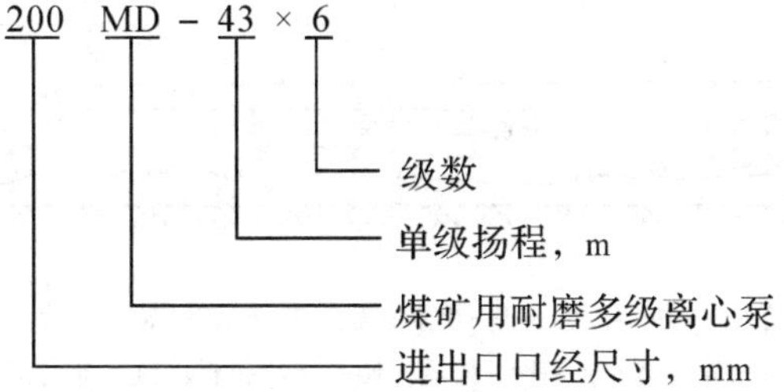

3. 附属设施

附属设施包括仪表、引流装置、管路及附件，水仓、吸水井等。

（四）带式输送机机械维修作业专业知识

带式输送机按牵引方式不同，可分为滚筒驱动式和钢丝绳牵引式两类。一般矿井采区多用滚筒驱动式，大巷中使用较多的也是滚筒驱动式，但也有用钢丝绳牵引式的，主井带式运输一般采用钢丝绳牵引式。带式输送机既可用于水平运输，又可用于倾斜运输。当用于倾斜运输时其倾角受到一定限制。通常情况下，倾斜向上运输时的倾角不超过 18°，向下运输时的倾角不超过 15°。为减小输送带的严重磨损，带式输送机不宜运送有棱角的货物。

1. 原理

带式输送机是以输送带兼作牵引机构的连续运输机械，其输送带围包在传动滚筒上，依靠滚筒与输送带的摩擦力来驱动输送带进行无极循环地往复运动，从而将物料从机尾拉运到机头。

2. 带式输送机的结构

在煤矿井下一般使用可伸缩带式输送机，其结构主要由传动装置、输送带、托辊及机架、储带装置、制动装置、防逆转装置、张紧装置和清扫装置等组成。其结构示意图如图 2-8 所示。

1）传动装置

（1）电动机。

可伸缩带式输送机必须采用三相隔爆型电动机。

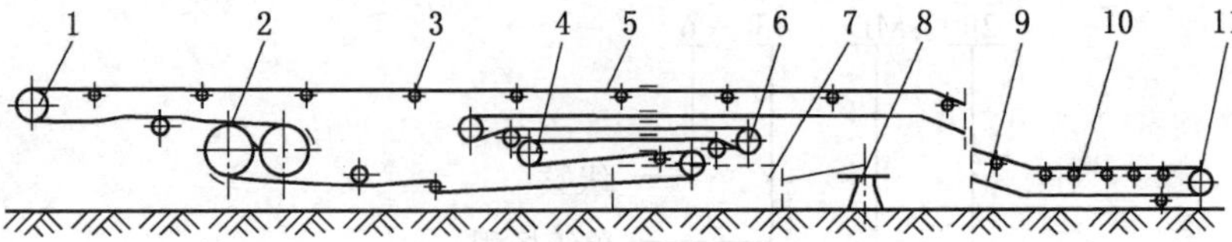

1—卸载滚筒；2—传动滚筒；3—槽形托辊；4、6、7—储带装置；5—输送带；
8—张紧装置；9—平形托辊；10—缓冲托辊；11—导向滚筒

图 2-8　可伸缩带式输送机结构示意图

（2）联轴器。

联轴器一般采用液力偶合器，安装于电动机和减速器之间，用以传递扭矩。液力偶合器能使电动机启动平稳，对电动机实现过载保护，减少传动系统中的冲击和振动，在多电动机传动系统中能使各台电动机的负荷分配趋于均衡。

（3）减速器。

减速器的作用是将电动机传动的高转速、低扭矩，通过齿轮传动，使驱动滚筒获得低转速、高扭矩的装置。

（4）滚筒。

滚筒分为传动滚筒、导向滚筒和卸载滚筒 3 种。传动滚筒的作用是通过滚筒与输送带之间的摩擦力带动输送带在托滚上运动。输送机可以采用单滚筒传动、双滚筒传动或多滚筒传动。导向滚筒的作用是增大传动滚筒的围包角以增大传动滚筒和输送带之间的摩擦力，或改变输送带的运行方向。卸载滚筒安装在机头最前部的伸出架上，煤炭经卸载滚筒落入煤仓。

2）输送带

输送带是承载和运输煤炭的主要装置，井下必须采用阻燃输送带。按输送带的结构不同，可分为普通输送带、钢丝绳芯输送带和钢丝绳牵引输送带 3 种。

输送带的连接方法有机械法和硫化法 2 种。常用的机械法有铰接活页式、铆钉固定的夹板式和钩状卡子接头等，用于普通输送带和钢丝绳牵引输送带；硫化法只用于钢丝绳芯输送带的连接。

3）托辊及机架

托辊安装在输送机的机架上，是输送带的承载和导向部件，用以减小输送带的运行阻力。按托辊的性质，可分为支撑上带的槽形托辊、支撑下带的平形托辊、能自动调整输送带跑偏的调偏托辊和安装在输送带装载部位起缓冲装煤冲击作用的缓冲托辊。

机架分为机头架、机尾架和中间架。机头架和机尾架用于固定机头或机尾的滚筒；中间架的作用是固定托辊，并支撑托辊、输送带和货载的重量。可伸缩带式输送机的中间架用悬挂的钢丝绳、锚链或槽钢连接。

4）储带装置

储带装置是可伸缩带式输送机特有的装置。其作用是在输送机机尾需要伸长时，把储存的输送带释放出来；在输送机机尾需要缩短时，把多余的输送带储存起来，以满足采掘工作面前进和后退的要求。储带装置主要由张紧绞车、行走小车、储带仓和滚筒等部件组成，根据固定拆返滚筒和可移动滚筒数量的不同，储带装置有存储 2 层、4 层和 6 层等三种形式。

5）制动装置

安装在倾斜巷道内的带式输送机，为防止停机后输送带在惯性和重力作用下继续运行，甚至飞速下滑造成飞带事故，应设置制动装置。小功率带式输送机常用电磁闸瓦式制动器，大功率带式输送机常用电力液压制动器或液压盘式制动器。

6）防逆转装置

防逆转装置只用在倾斜向上运输的带式输送机上。作用是防止输送机停机后发生飞带事故。常用的防逆转装置有塞带逆止器和滚柱逆止器两种。

7）张紧装置

张紧装置的作用有：一是将输送带适当地张紧，保证输送带具有足够的张力，使输送带与驱动滚筒之间产生必要的摩擦力；另一个作用是限制输送带在各支撑托滚间的垂度，从而使输送机正常运转。带式输送机的张紧装置主要分为机械张紧装置和重锤张紧装置2类。此外，按照动力来源也可分为电动张紧装置和液压张紧装置。

8）清扫装置

清扫装置的作用是清除卸载后输送带表面的粘煤和机尾处下带表面的洒煤，以防止滚筒与输送带之间夹煤，保护输送带。在输送机机头，一般采用弹簧式刮板清扫器或重锤式刮板清扫器；在输送机机尾，一般采用犁形清扫器。

第二节　岗 位 责 任 制

一、提升机机械维修作业岗位责任制

（1）必须经培训合格并取得合格证方可上岗。

（2）坚持安全生产确认制度和本工种操作规程。

（3）严格执行巡视检查制度、定期检修制度和现场交接班制度。

（4）熟悉和掌握提升机及其附属设施和设备的性能、特征、维修保养等知识，对设备精查细验，并做好检修记录。

（5）涉及多工种作业搞好协作，做好自保互保，保证各项工作安全有序进行。

（6）当班工作情况及时、准确向本单位值班室汇报，严禁用电话闲聊。

（7）设备检修完毕，要试运转，正常后由当班负责人做好记录并本人签字。

（8）按时完成领导交给的其他临时性工作任务。

二、空压机机械维修作业岗位责任制

（1）必须经培训合格并取得合格证方可上岗。

（2）坚持安全生产确认制度和本工种操作规程。

（3）严格执行巡视检查制度、定期检修制度和现场交接班制度。

（4）熟悉和掌握空压机及其附属设施和设备的性能、特征、维修保养等知识，对设备精查细验，并做好检修记录。

（5）涉及多工种作业搞好协作，做好自保互保，保证各项工作安全有序进行。

（6）当班工作情况及时、准确向本单位值班室汇报，严禁用电话闲聊。

（7）设备检修完毕，要试运转，正常后由当班负责人做好记录并本人签字。

（8）按时完成领导交给的其他临时性工作任务。

三、主排水机械维修作业岗位责任制

（1）必须经培训合格并取得合格证方可上岗。

（2）坚持安全生产确认制度和本工种操作规程。

（3）严格执行巡视检查制度、定期检修制度和现场交接班制度。

（4）熟悉和掌握水泵及其附属设施和设备的性能、特征、维修保养等知识，对设备精查细验，并做好检修记录。

（5）涉及多工种作业搞好协作，做好自保互保，保证各项工作安全有序进行。

（6）当班工作情况及时、准确向本单位值班室汇报，严禁用电话闲聊。

（7）设备检修完毕，要试运转，正常后由当班负责人做好记录并本人签字。

（8）按时完成领导交给的其他临时性工作任务。

四、带式输送机机械维修作业岗位责任制

（1）必须经培训合格并取得合格证方可上岗。

（2）坚持安全生产确认制度和本工种操作规程。

（3）严格执行巡视检查制度、定期检修制度和现场交接班制度。

（4）熟悉和掌握带式输送机及其附属设施和设备的性能、特征、维修保养等知识，对设备精查细验，并做好检修记录。

（5）涉及多工种作业搞好协作，做好自保互保，保证各项工作安全有序进行。

（6）当班工作情况及时、准确向本单位值班室汇报，严禁用电话闲聊。

（7）设备检修完毕，要试运转，正常后由当班负责人做好记录并本人签字。

（8）按时完成领导交给的其他临时性工作任务。

第三节　风　险　预　控

一、风险预控基础知识

（一）风险的概念

风险是指事故发生的可能性与事故后果严重性的组合。在煤矿作业中，同样存在着各种各样的风险。例如入井人员乘罐笼过程中，存在着提升钢丝绳断裂并且同时防坠器失效、罐笼坠入井底的风险；立井提升过程中，存在过卷、松绳、断绳等各类风险；斜井串车提升过程中，存在矿车掉道、矿车撞人和跑车的风险；井下水平巷道机车运输过程中，存在触电、掉道、撞人或撞坏支护设施的风险。

在一定的条件下，对现场岗位中的风险进行预先辨识、风险评估，继而采取有效措施，消除、减少、控制风险，使风险降到人们可接受程度的一系列活动，称为风险预控管理。

风险预控管理的基本原理是运用风险管理的技术，通过探求风险发生、变化的规律，认识、估计和分析风险对安全生产所造成的危害，运用计划、组织、指导、管制等一系列手段，实现“一切意外均可避免”“一切风险皆可控制”的风险管理目标。

（二）风险控制方法

煤矿风险预控管理体系的基本内涵，是指在生产过程中，对煤矿各个生产系统、生产环节中的各种危险源进行预先辨识，对各种风险进行评价分析，继而采取有效措施，消除、减少和控制风险，并在一定经济、技术条件下，通过“人、机、环、管”（即人员、机电设备、环境、管理）的最佳匹配，防止风险转化为事故，实现本质安全，做到安全生产。现场作业人员应坚持做到本质安全型员工。

煤矿作业现场风险预控，可以从以下几个方面进行控制：

（1）提高安全意识和安全素质。员工按规定参加安全培训。贯彻落实“以人为本”的指导思想，通过安全培训，提高煤矿从业人员的安全意识和技术水平，变“要我安全”为“我要安全”等。

（2）落实各项规章制度。主要以各种制度规范煤矿从业人员的行为，如操作人员的手指口述，现场班组长验收签字、安全检查工检查等。

（3）落实操作程序。在现有安全技术操作规程的基础上，对每一个工种作业中的每一道工序，都制定出详细的操作程序，不论任何人，在同一岗位上完成某一工序时，都按照规定的操作程序执行，这就避免了违章操作和误操作的发生，在很大程度上减小了风险发生的可能性。

（4）执行操作标准。以《煤矿安全规程》、安全技术操作规程为依据，对每一项工作都制定出操作标准，提高操作水平，降低事故发生的概率。

二、各岗位风险及控制

1. 提升系统机械维修作业岗位风险与控制

提升系统机械维修作业岗位风险与控制措施见表 2-2。

表 2-2 提升系统机械维修作业岗位风险与控制措施

序号	作业类别	风险	控制措施
1	检查运转设备	挤伤	1. 检查时与滚筒、天轮等运转设备保持安全距离。 2. 检修时必须使提升机安全闸处于制动状态，并停电、挂牌。 3. 护栏、护罩等防护设施齐全完好
2	井口附近及其他地点高处作业	1. 摔伤 2. 砸伤	1. 滚筒窝附近检修作业时精神集中，时刻注意脚下，踩牢站稳。 2. 检修作业时，通往地下室盖板打开处设警戒线或专人监护，检修完毕，各种盖板及时恢复。 3. 需在井口 1 m 以内作业时，应佩戴合格的保险带。 4. 高处作业时，应佩戴合格的保险带。 5. 经常检查天轮平台上护栏，确保护栏焊接牢固。 6. 按规定佩戴安全帽、防砸胶靴、手套等劳动保护用品。 7. 利用脚手架、梯子作业时，确保稳固可靠。 8. 做好工具、材料防坠落措施。 9. 严禁上下交叉作业

表 2-2（续）

序号	作业类别	风险	控　制　措　施
3	检修、查验井口操车系统	挤伤	1. 巡视查验时，与推车机、调车机运行范围保持安全距离。 2. 检修操车系统时，与信号工说明具体情况，断开液压站电源并挂牌
4	滚筒、暖风机、冷却风机等设备、设施内检修	1. 人身伤害 2. 设备损坏	1. 在滚筒内检修时必须使提升机安全闸处于制动状态，并停电、挂牌。 2. 在暖风机风道内检修时，必须停风、停电，挂牌。 3. 检修人员必须佩戴安全帽。 4. 工作结束后清点人数并清理工具、杂物
5	检修液压、制动系统	1. 人身伤害 2. 过卷、坠罐	检修前必须停电、挂牌，液压系统泄压
6	提升容器位置指示器（深度指示器）	1. 人身伤害 2. 过卷、坠罐	1. 定期检修。 2. 关键部件定期探伤

2. 压风系统机械维修作业岗位风险与控制

压风系统机械维修作业岗位风险与控制措施见表 2-3。

表 2-3　压风系统机维修作业岗位风险与控制措施

序号	作业类别	风险	控制措施
1	检修空压机	1. 挤伤 2. 灼烫	1. 检修前必须停电、挂牌。 2. 佩戴劳动保护用具，且与发热部件保持安全距离。 3. 严禁压力管路出口正对着人
2	起吊设备	1. 砸伤 2. 挤伤	1. 所有人员躲避晃动倾倒范围，控制晃动幅度。 2. 提前检查起吊设施及工具，保证完好可靠。 3. 采取防脱钩措施
3	登高作业	摔伤	1. 确保登高工具完好，有专人把扶梯子。 2. 2 m 以上作业应佩戴合格安全带
4	酸洗冷却器	灼伤	佩戴护目镜、防酸手套
5	检修设备	挤伤、碰伤	检修前必须停机、停电，挂停电牌

3. 主排水系统机械维修作业岗位风险与控制

主排水系统机械维修作业岗位风险与控制措施见表 2-4。

表 2-4　主排水系统机械维修作业岗位风险与控制措施

序号	危险源	风险	控制措施
1	1. 出水阀门未关严，引起水泵倒转。 2. 提前拆除防护罩	1. 触电 2. 卷入	1. 提前对水泵电机及出水闸阀进行停电、验电、封地、挂牌操作。 2. 必须将出水阀门关严，否则禁止作业。 3. 必须在水泵停稳、断电、关闭出水阀门情况下，打开防护罩

表 2-4（续）

序号	危险源	风险	控制措施
2	1. 采用热装配法。 2. 用手试探加热处周边温度。 3. 安装联轴器柱销时	1. 烫伤 2. 挤伤	1. 严禁用手直接接触受热部位试探温度。 2. 穿戴好相应的劳动保护。 3. 严禁用手试探间隙
3	1. 起吊设施失效。 2. 钢丝绳断裂。 3. 起吊物脱钩。 4. 起吊设备晃动。 5. 使用钎子等撬动部件	1. 砸伤 2. 弹伤	1. 提前检查起吊设施及工具，保证完好可靠。 2. 检查钢丝绳确保安全可靠。 3. 采取防脱钩措施。 4. 所有人员躲避晃动范围，尽可能减少晃动幅度。 5. 撬点稳固，人员躲开弹射范围
4	登高作业	摔伤	1. 有专人把扶梯子。 2. 登高 2 m 以上应佩戴合格安全带

4. 带式输送机机械维修作业岗位风险与控制

带式输送机机械维修作业岗位风险与控制措施见表 2-5。

表 2-5　带式输送机机械维修作业岗位风险与控制措施

序号	危险源	风险	控制措施
1	输送带（硫化）粘接	挤伤、砸伤、割伤、溅弹伤、中毒、电击伤、火灾	1. 不要将手及身体其他部位置于输送带与输送带、托辊、硫化机之间。 2. 提前对间隙变化作出预判。 3. 放置垫铁时注意手指放置位置，落下垫铁及时收手。 4. 扶稳扶正钉子，垂直落锤。

表 2-5（续）

序号	危险源	风险	控 制 措 施
1	输送带（硫化）粘接	挤伤、砸伤、割伤、溅弹伤、中毒、电击伤、火灾	5. 材料、工具拿稳放牢，防止倾倒。 6. 运刀距离不宜过长，用力均匀适当。 7. 身体部位不得置于刀片运行前方。 8. 送电前，确保打磨机处在关闭位置。 9. 更换毛刷前，必须关掉电源。 10. 操作打磨机需佩戴防护眼镜及防尘口罩，磨切时 2 m 范围内无其他工作人员。 11. 必须开机试转，确保打磨机完好。 12. 掰裁纸刀片，刀片探出一段即可，严禁朝向身体及他人。 13. 提前安排人员逐个握扶绳头。 14. 必须完全放开胶管，用手握住端部，缓慢打开阀门供水。 15. 提前对液压管路进行全面检查，确保无泄漏。 16. 接触尖锐、带有毛刺等物品时，必须佩戴手套。 17. 必要时，对相应部位进行打磨。 18. 必须使用专用器具测量加热部位温度，严禁用手试探。 19. 加热时，人员严禁与锅炉及蒸汽管路直接接触。 20. 检查电源线有无破损，有则更换。 21. 使用装有漏电保护装置的电源。 22. 打磨前清除现场的易燃物。 23. 打磨机机体有烫手感觉时，立即停机自然冷却后再使用。 24. 加热设备必须安全可靠，加热时设专人监护盛装汽油等有毒、有害液体容器，且必须有明显标识。 25. 人应站在硫化机两侧及上风口

表 2-5（续）

序号	危险源	风险	控制措施
2	起重、人工搬运	人员伤害	1. 身体各部位不能处于发生挤压的位置。 2. 多人搬运，互叫互应。 3. 平均每人搬运重物不得超过 30 kg，如超重可多人或借助起重工具搬运。多人合作互相打好招呼，由专人指挥，同起同落。不得超负荷搬运。 4. 拴绑重物要牢靠。 5. 保持好重物平衡，防止侧滑或倾倒。 6. 禁止抛掷工具和工件。 7. 抬、放重物步调要一致。 8. 必须熟悉现场环境，如水沟、地坑等。 9. 清理好现场，防止杂物绊倒，如不能清除障碍物需做明显标志。 10. 在重量不详时，不能强行搬运重物。 11. 人员躲开物体弹射范围。 12. 高处作业系好合格安全带，扶牢站稳
3	输送带检修	卷入、跌落、弹（溅）伤	1. 检修前必须停电、挂牌。 2. 输送带试运转时，选好站位，保持安全距离。 3. 护栏完好，防护有效。 4. 高处作业，系好合格安全带，选好站位。 5. 护栏、盖板完好，防护有效。 6. 带压管路固定好，需手持压力胶管时要握牢。 7. 人员站在有弹射危险范围之外。 8. 检修液压系统前停电、泄压

表 2-5（续）

序号	危险源	风险	控制措施
4	输送带打到车，人拉输送带，清理转动滚筒	卷入、人员伤害	1. 检修前必须停电、挂牌。 2. 输送带打到车和试运转时，选好站位，保持安全距离

第四节　隐患排查

一、隐患排查基础知识

（一）隐患的概念

隐患，是指在生产活动中存在的可能导致不安全事件或事故发生的问题，包括物的不安全状态、人的不安全行为和管理上的缺陷。从性质上分为一般安全隐患和重大安全隐患。

在煤矿作业现场，事故隐患如未能得到及时消除，往往会导致事故发生，现场作业人员必须予以高度重视。

（二）隐患的分类

（1）按隐患危害程度分类。一般隐患：危险性不大，事故影响或损失较小的隐患。重大隐患：危险性大，可能造成较大事故，造成人身伤亡或财产损失的隐患。是指在煤矿企业建设和生产过程中存在的可能导致重大人身伤亡或者重大经济损失的危险性因素。

（2）按表现形式分类。人的隐患（认识隐患、行为隐患）、物的隐患、环境隐患和管理隐患。

（3）按煤矿安全生产的专业分为一通三防、顶板（采掘）、机电运输、地测防治水、安全管理、爆破和其他隐患。

（三）隐患排查管理制度

煤矿企业应当建立和完善以下各项事故隐患管理制度：

（1）事故隐患定期排查治理制度。制订并落实具体的排查时间、方法、人员、措施，事故隐患的种类、等级等。

（2）事故隐患排查治理责任制度。明确事故隐排查治理工作的组织领导，整改资金的落实，治理效果的检查；明确具体的事故隐患排查治理工作要求；明确具体的事故隐患排查治理的管理程序；明确具体的事故隐患排查治理人员。

（3）事故隐患分级管理制度。制订并明确事故隐患的分级范围、治理措施、要求及责任。

（4）事故隐患的报告制度。煤矿企业应当将难以排除的事故隐患按照隶属关系和管理权限向煤炭管理部门报告，并报煤矿安全监察机构备案，不得不报、谎报或者拖延不报。

（四）常见事故隐患的治理措施

作业现场的隐患排查治理是围绕消除人的不安全行为、物的不安全状态和环境的不安全因素展开的，针对作业的常见事故隐患，要采取以下措施：

（1）规范操作人员的安全行为，结合班组的具体情况和操作实际，以及国家的法律法规、相关规定和标准，制订规章制度和操作规程。

（2）正确穿戴和使用劳动防护用具、用品。严格执行煤矿安全规程、安全技术操作规程、作业规程的相关规定。

（3）加强对作业场所的安全检查，及早发现问题，及时妥善地整改。

（4）加强生产设备管理，尤其是设备的防爆管理，按规定做好设备和安全设施、防护装置的维护保养，使之始终保持良好的完好状态。

（5）保证各种保护和监测系统灵敏、可靠，井下设备、电缆完好。

(6) 设备布置、物料堆放要尽可能地科学合理，保持通道畅通。

(7) 及时清扫垃圾、废料，整理现场的原材料、产品和工具。

二、各岗位隐患排查与治理

1. 提升系统隐患排查与治理

提升系统隐患排查与治理见表2-6。

表2-6 提升系统隐患排查与治理

序号	隐患类别	隐患内容	隐患治理
1	物（设施）的不安全状态	1. 提升机滚筒周围缺少防护栏，存在人员卷入的危险。 2. 高压胶管老化，存在崩裂伤人危险。 3. 设备、物件不牢固，存在坠落的危险。 4. 各处螺栓连接、焊接部位连接不牢固，有机械故障危险。 5. 电动工具存在漏电现象或防护装置不完好，有触电、伤人危险。 6. 提升容器位置指示器失效，有过卷、坠罐危险。 7. 制动系统失效，有过卷、墩罐危险。 8. 制动力矩不足，有过卷、坠罐危险。 9. 摩擦衬垫摩擦力下降，可能导致过卷、坠罐危险	1. 加装护栏，确保完好可靠。 2. 更换老化的高压胶管。 3. 检查并确保设备、物件牢靠。 4. 紧固螺栓、检查焊接部位，确保牢固。 5. 检查电动工具，确保不漏电、防护装置完好。 6. 检查提升容器位置指示器，确保有效。 7. 检查制动系统，确保有效。 8. 按规定进行试验确保制动力矩符合规定。 9. 提前试验，摩擦力符合要求

表2-6(续)

序号	隐患类别	隐　患　内　容	隐　患　治　理
2	人的不安全行为	1. 不遵守本工种的安全技术操作规程。 2. 不按安全技术措施进行作业。 3. 劳动保护穿戴不齐全。 4. 登高作业时无专人把扶梯子，未系挂保险带或保险带系挂不规范。 5. 检修作业未执行停送电规定。 6. 检修前未停风、停水，泄压。 7. 检修作业时未与信号工或提升机司机联系清楚。 8. 井口巡视查验时与推车机、调车机安全距离不够；与滚筒、天轮之间安全距离不够。 9. 身体状态不好、精神不集中	1. 加强教育、培训。 2. 抽测学习情况。 3. 检查劳动保护佩戴情况。 4. 使用梯子登高作业时专人把扶。 5. 严格执行停送电规定。 6. 严格执行停风、停水，泄压。 7. 检修作业时与信号工或提升机司机联系清楚。 8. 确保巡视安全距离。 9. 确认身体状况，精神集中
3	环境	1. 现场有油污。 2. 设备、工具乱放。 3. 各种盖板锈蚀，承重能力下降，人员坠落危险	1. 清理油污。 2. 清理。 3. 更换锈蚀的盖板

2. 压风系统隐患排查与治理

压风系统隐患排查与治理见表2-7。

表 2-7　压风系统隐患排查与治理

序号	隐患类别	隐 患 内 容	隐 患 治 理
1	物（设施）的不安全状态	1. 对于在地面安装的空压机，冬季对其管路要及时放水，防止结冰堵住出风管路，甚至出现管路冻裂。 2. 空压机机润滑系统中的故障可能导致温度升高。 3. 采用水冷空压机若流量不够、水温高，导致风泵温度升高。 4. 断水、温度和安全阀等保护装置失效	1. 及时放水。 2. 定期加注润滑油、脂。 3. 及时调整冷却水流量。 4. 定期检查各种保护装置，确保有效
2	人的不安全行为	1. 不遵守本工种的安全技术操作规程。 2. 不按安全技术措施进行作业。 3. 劳动保护穿戴不齐全。 4. 登高作业时无专人把扶梯子，未系挂保险带或保险带系挂不规范。 5. 检修作业未执行停送电规定。 6. 检修前未停风、停水，泄压。 7. 身体状态不好、精神不集中	1. 加强教育、培训。 2. 抽测学习情况。 3. 检查劳动保护佩戴情况。 4. 使用梯子登高作业时专人把扶。 5. 严格执行停送电规定。 6. 严格执行停风、停水，泄压。 7. 确认身体状况，精神集中
3	环境	1. 现场有油污。 2. 设备、工具乱放。 3. 碹顶爆裂	1. 清理油污。 2. 清理。 3. 检查，有爆裂时及时找掉

3. 主排水系统隐患排查与治理

主排水系统隐患排查与治理见表2-8。

表2-8　主排水系统隐患排查与治理

序号	隐患类别	隐患内容	隐患治理
1	物（设施）的不安全状态	1. 水泵保护装置不可靠。 2. 主排水管路锈蚀，管壁变薄，出现排水管路爆裂。 3. 各处螺栓连接、焊接部位连接不牢固。 4. 水泵温度高、异响、震动、仪表指示异常等。 5. 水仓清理不及时，水仓口未加设篦子。 6. 泵房有掉矸、劈帮、底鼓	1. 检查并确保水泵保护装置可靠。 2. 及时更换锈蚀管路。 3. 拧紧螺栓连接、确保焊接部位连接牢固。 4. 定期巡视，发现问题及时处理。 5. 及时清理水仓，水仓口加设篦子。 6. 及时处理掉矸、劈帮、底鼓
2	人的不安全行为	1. 不遵守本工种的安全技术操作规程。 2. 不按安全技术措施进行作业。 3. 劳动保护穿戴不齐全。 4. 检修前未泄压。 5. 登高作业时无专人把扶梯子，未规范佩戴保险带。 6. 检修作业未执行停送电规定。 7. 身体状态不好、精神不集中	1. 加强教育、培训。 2. 抽测学习情况。 3. 检查劳动保护佩戴情况。 4. 及时泄压。 5. 使用梯子登高作业时专人把扶，佩戴保险带戴保险带。 6. 严格执行停送电规定。 7. 确认身体状况，精神集中

表2-9(续)

序号	隐患类别	隐 患 内 容	隐 患 治 理
3	环境	1. 现场有油污。 2. 设备、工具乱放。 3. 碹顶爆裂	1. 清理油污清理。 2. 设备、工具有序放置。 3. 检查，有爆裂时及时找掉

4. 带式输送机隐患排查与治理

带式输送机隐患排查与治理见表2-9。

表2-9 带式输送机隐患排查与治理

序号	隐患类别		隐 患 内 容	隐 患 治 理
1	硫化输送带	物（设施）的不安全状态	1. 打磨机送电前，开关未在关闭位置。 2. 更换打磨机毛刷，插头未拔。 3. 使用的打磨机保护罩、毛刷、螺栓等松动。 4. 掰裁纸刀片，刀片探出较长时，掰断前方站人。 5. 断绳时，断出短节或钢丝弹起。 6. 液压系统出现泄漏。 7. 电源线有破损。	1. 检查打磨机送电前，确保开关在关闭位置。 2. 更换打磨机毛刷，拔掉插头。 3. 检查打磨机，确保保护罩、毛刷、螺栓无松动。 4. 掰裁纸刀片，刀片探出较长时，掰断前方禁止站人。 5. 断绳时，做好防护。 6. 施工前检查修好液压系统，确保无泄漏。 7. 更换电源线。

表2-9(续)

序号	隐患类别		隐 患 内 容	隐 患 治 理
1	硫化输送带	物（设施）的不安全状态	8. 给打磨机用的电源没有漏电开关装置。 9. 打磨机的磨切方向对着汽油。 10. 打磨机使用时间过长。 11. 烤灯放置位置不稳定。 12. 钢丝绳头尖锐。 13. 物体边缘留有毛刺。 14. 蒸汽管路出现异常泄漏	8. 打磨机用的电源安装漏电开关装置。 9. 打磨机的磨切方向严禁对着汽油。 10. 按规定使用打磨机。 11. 确保烤灯放置位置稳定。 12. 做好防护。 13. 清除毛刺。 14. 及时处理泄漏
		人的不安全行为	1. 拽带时，手放于输送带与输送带、托辊、硫化机下加热板之间。 2. 多人协同作业，个人精力不集中。 3. 拽带及落下时，没能对手握处间隙变小作出预判。 4. 放置垫铁时，手指放置位置不当。 5. 加热板下压过程中仍对接口进行作业。 6. 用锤子钉钉子砸偏。 7. 剥带时用力过猛撞到他人或物品。	1. 拽带时，手严禁放于输送带与输送带、托辊、硫化机下加热板之间。 2. 多人协同作业，个人精力应集中。 3. 拽带及落下时，看好间隙。 4. 放置垫铁时，看好位置。 5. 加热板下压时严禁对接口进行作业。 6. 用锤子时注意力集中。 7. 剥带时用力要均匀。

表2-9(续)

序号	隐患类别		隐 患 内 容	隐 患 治 理
1	硫化输送带	人的不安全行为	8. 剥带过程中，带条突然断裂。 9. 使用裁纸刀用力过猛。 10. 身体部位置于刀片运行前方。 11. 打磨坡口，打磨机前方站人，碎屑溅到身体或眼睛上。 12. 使用胶管冲洗设备，没放开胶管圈，手没握住端部，突然开大胶管球阀。 13. 误饮汽油。 14. 硫化加热时，人员站在下风口。 15. 加热或冷却时，用手试探加热板、锅炉、蒸汽的温度	8. 做好防护。 9. 使用裁纸刀用力要均匀。 10. 身体部位严禁在刀片运行前方。 11. 打磨坡口，打磨机前方严禁站人。 12. 使用胶管冲洗设备，握牢。 13. 专用容器盛放汽油。 14. 人员严禁站在下风口。 15. 加热或冷却时，严禁用手试探加热板、锅炉、蒸汽的温度
		环境	1. 现场有油污。 2. 设备、工具乱放。 3. 现场有煤尘、积煤	1. 清理油污。 2. 设备、工具有序放置。 3. 清理
2	起重作业	物（设施）的不安全状态	1. 挂绳过程中重物滑动。 2. 刚起吊时，有弯曲的钢丝绳受力从挂钩上脱落。 3. 从挂钩上摘钢丝绳时，钢丝绳本身弹力伤人。 4. 用钎子撬动重物时，撬点打滑。	1. 挂绳牢固。 2. 刚起吊时，做好保险。 3. 从挂钩上摘钢丝绳时，做好保险，人员躲开危险范围。 4. 用钎子撬动重物时，做好防滑。

表2-9(续)

序号	隐患类别		隐患内容	隐患治理
2	起重作业	物（设施）的不安全状态	5. 使用大锤或手锤时砸手。 6. 刚起吊或起吊过程中重物受力不均出现滑动掉落。 7. 超负荷起吊，钢丝绳拉断或手拉葫芦打滑。 8. 起吊点不牢固导致重物掉落。 9. 系绳过程中钢丝绳有断股或重物有锐角	5. 安全使用大锤或手锤。 6. 起吊找好重心。 7. 严禁超负荷起吊。 8. 确保起吊点牢固。 9. 检查钢丝绳无断股，重物无锐角
		人的不安全行为	1. 挂绳过程中踩空，高空作业。 2. 起吊过程中手放到可移动部位之间。 3. 拉手拉葫芦时用力过猛，铁链弹起伤人。 4. 脚放到重物下方。 5. 路面、平台有水，导致滑倒。 6. 仰头挂绳时煤尘掉落	1. 挂绳过程中踩稳，高空作业佩戴保险带。 2. 严禁起吊过程中手放到可移动部位之间。 3. 拉手拉葫芦时用力要均匀。 4. 脚严禁放到重物下方。 5. 提前清理路面、平台水。 6. 提前清理煤尘
		环境	1. 现场有油污。 2. 设备、工具乱放。 3. 现场有煤尘、积煤	1. 清理油污。 2. 设备、工具有序放置。 3. 清理

表2-9(续)

序号	隐患类别		隐患内容	隐患治理
3	检修输送带	物(设施)的不安全状态	1. 煤仓上盖锈蚀严重，跌入煤井。 2. 站在输送带上，移动身体时脚踩空。 3. 护栏糟朽，锈蚀严重，倚靠护栏，护栏断裂。 4. 路面、平台滑	1. 更换煤仓上盖板。 2. 站在皮带上，站牢扶好。 3. 更换护栏，严禁倚靠护栏。 4. 提前做好防滑措施
		人的不安全行为	1. 误启动输送带。 2. 人员碰到旋转部件。 3. 人员被工件挤压。 4. 人员被输送带与托辊挤压。 5. 静压水阀门开启过快，操作胶管人员把持不住胶管。 6. 液压检修，系统没有泄压。 7. 托辊安装不到位，突然掉下	1. 启动输送带前做好确认。 2. 严禁人员碰到旋转部件。 3. 人员站好位。 4. 人员躲开输送带与托辊。 5. 静压水阀门开启缓慢。 6. 液压检修前系统泄压。 7. 托辊安装到位
		环境	1. 现场有油污。 2. 设备、工具乱放。 3. 现场有煤尘、积煤。 4. 碹顶爆裂	1. 清理油污。 2. 设备、工具有序放置。 3. 清理。 4. 检查，有爆裂时及时找掉

第五节　安全生产标准化与《煤矿安全规程》规定

一、煤矿安全生产标准化基础知识

1. 安全生产标准化概念

安全生产标准化，是指通过建立安全生产责任制，制定安全管理制度和操作规程，排查治理隐患和监控重大危险源，建立预防机制，规范生产行为，使各生产环节符合有关安全生产法律法规和标准规范的要求，人（人员）、机（机械）、物（物料）、法（方法）、环（环境）处于良好的生产状态，并持续改进，不断加强企业安全生产规范化建设。

为贯彻执行《安全生产法》关于“企业必须推进安全生产标准化建设”的规定，国家煤矿安全监察局组织制定了《煤矿安全生产标准化考核定级办法》和《煤矿安全生产标准化基本要求及评分方法（试行）》，要求煤矿企业按照新标准办法开展达标创建，进一步深入推进煤矿安全生产标准化建设深入开展。

2. 煤矿安全生产标准化考核相关内容

《煤矿安全生产标准化基本要求及评分方法》涉及矿井的风险分级预控、隐患排查治理、采煤、掘进、通风、机电、运输、地质灾害防治与测量及调度和地面设施、应急救援、职业卫生等相关环节和相关岗位安全质量工作。

《煤矿安全生产标准化考核定级办法》中规定，煤矿安全生产标准化考核等级分为一级、二级、三级 3 个等次，有效期 3 年。

煤矿安全生产标准化考核定级按照企业自评申报，由煤矿安全生产标准化考核定级部门完成考核定级。对取得安全生产标准化等级的煤矿，主管部门每年进行抽查。

对工作中发现已不具备原有标准化水平的煤矿应降低或撤销其取得的安全生产标准化等级；对发现存在重大事故隐患的煤矿应撤销其取得的安全生产标准化等级。

对发生生产安全死亡事故的煤矿，主管部门应立即降低或撤销其取得的安全生产标准化等级。一级、二级煤矿发生一般事故时降为三级，发生较大及以上事故时撤销其等级；三级煤矿发生一般及以上事故时，撤销其等级。

煤矿应加强日常检查，每月至少组织开展1次全面的自查。

二、岗位安全生产标准化

（一）主提升（立斜井绞车）系统岗位安全生产标准化

（1）各种安全保护装置符合《煤矿安全规程》规定。

（2）立井提升装置的过卷过放、提升容器和载荷等符合《煤矿安全规程》规定。

（3）立井井口及各水平阻车器、安全门、摇台、推车机等与提升信号闭锁。

（4）提升速度大于3 m/s的立井提升系统内，安设有防撞梁和缓冲托罐装置。单绳缠绕式双滚筒绞车安设有地锁和离合器闭锁。

（5）制动装置可靠，副井及负力提升的系统使用可靠的电气制动。

（6）斜井提升制动减速度达不到要求时应设二级制动装置。

（7）提升装置、连接装置及提升钢丝绳符合《煤矿安全规程》规定。

（8）提升系统能力满足矿井安全生产需要。

（9）提升系统通信、信号装置完善，主副井绞车房有能与矿调度室直通的电话。

（10）上、下井口及各水平安设有摄像头，机房有视频监视器。

（11）机房安设有应急照明装置。

（12）使用低耗、先进、可靠的电控装置。

（13）主井提升宜采用集中远程监控，可不配司机值守，但应设图像监视，并定时巡检。

（二）压风系统岗位安全生产标准化

（1）压缩机、储气罐及管路设置符合《煤矿安全规程》和《特种设备安全监察条例》等规定。

（2）电动机保护齐全可靠。

（3）压力表、安全阀、释压阀设置齐全有效，定期校准。

（4）油质符合规定，有可靠的断油保护。

（5）水冷压缩机水质符合要求，有可靠断水保护。

（6）风冷压缩机冷却系统及环境符合规定。

（7）温度保护齐全、可靠，定值准确。

（8）井下压缩机运转时有人监护。

（9）供风能力满足矿井安全生产需要。

（10）机房安设有应急照明装置。

（11）使用低耗、先进、可靠的电控装置。

（12）地面压缩机采用集中远程监控，实现无人值守。

（三）主排水系统岗位安全生产标准化

1. 矿井及采区主排水系统

（1）泵房及出口，水泵、管路及配电、控制设备，水仓蓄水能力等符合《煤矿安全规程》规定。

（2）有可靠的引水装置。

（3）设有高、低水位声光报警装置。

（4）电动机保护装置齐全、可靠。

（5）排水设施、水泵联合试运转、水仓清理等符合《煤矿安全规程》规定。

（6）排水能力满足矿井、采区安全生产需要。

（7）水泵房安设有与矿调度室直通的电话。

(8) 使用低耗、先进、可靠的电控装置。

(9) 采用集中远程监控，实现无人值守。

2. 其他排水地点

(1) 排水设备及管路符合规定要求。

(2) 设备完好，保护齐全、可靠。

(3) 排水能力满足安全生产需要。

(4) 使用小型自动排水装置

(四) 带式输送机系统岗位安全生产标准化

1. 钢丝绳牵引带式输送机

(1) 各种保护装置符合《煤矿安全规程》规定。

(2) 在输送机全长任何地点装设便于搭乘人员或其他人员操作的紧急停车装置。

(3) 上、下人地点设声光信号、语音提示和自动停车装置，卸煤口及终点下人处设有防止人员坠入及进入机尾的安全设施和保护。

(4) 运输能力满足矿井、采区安全生产需要，人货不混乘，不超速运人。

(5) 输送带、滚筒、托辊等材质符合规定，滚筒、托辊转动灵活，带面无损坏、漏钢丝等现象。

(6) 上、下人和装、卸载处装设有摄像头，机房有视频监视器。

(7) 使用低耗、先进、可靠的电控装置。

(8) 采用集中远程监控，实现无人值守

2. 滚筒驱动带式输送机

(1) 电动机保护齐全可靠。

(2) 装设有防滑、防跑偏、防堆煤、防撕裂和输送带张紧力下降保护装置，以及温度、烟雾监测和自动洒水装置。

(3) 上运运输机装设防逆转和制动装置，下运运输机装设有软制动装置且装设防超速装置。

（4）减速器与电动机采用软连接或采用软启动控制，液力偶合器严禁使用可燃性传动介质（调速型液力偶合器不受此限）。

（5）输送带、滚筒、托辊等材质符合规定，滚筒、托辊转动灵活，带面无损坏、漏钢丝等现象。

（6）倾斜井巷使用的钢丝绳芯输送机有钢丝绳芯及接头状态检测装备。

（7）钢丝绳芯输送机设有沿线停车装置，装、卸载处设有摄像头。

（8）运输能力满足矿井、采区安全生产需要。

（9）机头、机尾及搭接处设有照明和安全防护设施，行人跨越处设有过桥。

（10）连续运输系统具有联锁、闭锁控制功能，全线每间隔不大于 100 m 设有通信和信号装置。

（11）集中控制硐室安设有与矿调度室直通的电话。

（12）使用低耗、先进、可靠的电控装置。

（13）采用集中远程监控，实现无人值守。

三、《煤矿安全规程》相关规定

（一）《煤矿安全规程》对提升机的规定

1. 提升装置的安全保护

提升装置必须按下列要求装设安全保护：

（1）过卷和过放保护：当提升容器超过正常终端停止位置或者出车平台 0.5 m 时，必须能自动断电，且使制动器实施安全制动。

（2）超速保护：当提升速度超过最大速度 15% 时，必须能自动断电，且使制动器实施安全制动。

（3）过负荷和欠电压保护。

（4）限速保护：提升速度超过 3 m/s 的提升机应当装设限速

保护，以保证提升容器或者平衡锤到达终端位置时的速度不超过 2 m/s。当减速段速度超过设定值的 10% 时，必须能自动断电，且使制动器实施安全制动。

（5）提升容器位置指示保护：当位置指示失效时，能自动断电，且使制动器实施安全制动。

（6）闸瓦间隙保护：当闸瓦间隙超过规定值时，能报警并闭锁下次开车。

（7）松绳保护：缠绕式提升机应当设置松绳保护装置并接入安全回路或者报警回路。箕斗提升时，松绳保护装置动作后，严禁受煤仓放煤。

（8）仓位超限保护：箕斗提升的井口煤仓仓位超限时，能报警并闭锁开车。

（9）减速功能保护：当提升容器或者平衡锤到达设计减速点时，能示警并开始减速。

（10）错向运行保护：当发生错向时，能自动断电，且使制动器实施安全制动。

过卷保护、超速保护、限速保护和减速功能保护应当设置为相互独立的双线型式。

缠绕式提升机应当加设定车装置。

2. 提升机必须装设装置

提升机必须装设可靠的提升容器位置指示器、减速声光示警装置，必须设置机械制动和电气制动装置。严禁司机擅自离开工作岗位。

3. 机械制动装置应当采用弹簧式，能实现工作制动和安全制动

工作制动必须采用可调节的机械制动装置。

安全制动必须有并联冗余的回油通道。

双滚筒提升机每个滚筒的制动装置必须能够独立控制，并具有调绳功能。

4. 提升机机械制动装置的性能

提升机机械制动装置的性能，必须符合下列要求：

（1）制动闸空动时间：盘式制动装置不得超过0.3 s，径向制动装置不得超过0.5 s。

（2）盘形闸的闸瓦与闸盘之间的间隙不得超过2 mm。

（3）制动力矩倍数必须符合下列要求：

①制动装置产生的制动力矩与实际提升最大载荷旋转力矩之比K值不得小于3。

②对质量模数较小的提升机，上提重载保险闸的制动减速度超过本规程规定值时，K值可以适当降低，但不得小于2。

③在调整双滚筒提升机滚筒旋转的相对位置时，制动装置在各滚筒闸轮上所产生的力矩，不得小于该滚筒所悬重量（钢丝绳重量与提升容器重量之和）形成的旋转力矩的1.2倍。

计算制动力矩时，闸轮和闸瓦的摩擦系数应当根据实测确定，一般采用0.30~0.35。

5. 提升系统的安全制动减速度

各类提升机的制动装置发生作用时，提升系统的安全制动减速度，必须符合下列要求：

（1）提升系统的安全制动减速度必须符合表2-10的要求。

表2-10　提升系统安全制动减速度规定值

减速度	$\theta\leqslant30°$	$\theta>30°$
提升减速/($m\cdot s^{-2}$)	$\leqslant A_c^*$	$\leqslant5$
下放减速/($m\cdot s^{-2}$)	$\geqslant0.75$	$\geqslant1.5$

注：
$$A_c = g(\sin\theta + f\cos\theta)$$

式中　A_c—自然减速度，m/s^2；

g—重力加速度，m/s^2；

θ—井巷倾角，(°)；

f—绳端载荷的运行阻力系数，一般取0.010~0.015。

（2）摩擦式提升机安全制动时，除必须符合表 2-10 的要求外，还必须符合下列防滑要求：

①在各种载荷（满载或者空载）和提升状态（上提或者下放重物）下，制动装置所产生的制动减速度计算值不得超过滑动极限。钢丝绳与摩擦轮衬垫间摩擦系数的取值不得大于 0.25。由钢丝绳自重所引起的不平衡重必须计入。

②在各种载荷和提升状态下，制动装置发生作用时，钢丝绳都不出现滑动。

计算或者验算时，以①为准；在用设备，以②为准。

（二）《煤矿安全规程》对空压机的规定

1. 设置空气压缩设备

矿井应当在地面集中设置空气压缩机站。在井下设置空气压缩设备时，应当遵守下列规定：

（1）应当采用螺杆式空气压缩机，严禁使用滑片式空气压缩机。

（2）固定式空气压缩机和储气罐必须分别设置在 2 个独立硐室内，并保证独立通风。

（3）移动式空气压缩机必须设置在采用不燃性材料支护且具有新鲜风流的巷道中。

（4）应当设自动灭火装置。

（5）运行时必须有人值守。

2. 空气压缩机站设备

空气压缩机站设备必须符合下列要求：

（1）设有压力表和安全阀。压力表和安全阀应当定期校准。

安全阀和压力调节器应当动作可靠，安全阀动作压力不得超过额定压力的 1.1 倍。

（2）使用闪点不低于 215 ℃的压缩机油。

（3）使用油润滑的空气压缩机必须装设断油保护装置或者断油信号显示装置。水冷式空气压缩机必须装设断水保护装置或者断水信号显示装置。

3. 空气压缩机站的储气罐

空气压缩机站的储气罐必须符合下列要求：

（1）储气罐上装有动作可靠的安全阀和放水阀，并有检查孔。定期清除风包内的油垢。

（2）新安装或者检修后的储气罐，应当用1.5倍空气压缩机工作压力做水压试验。

（3）在储气罐出口管路上必须加装释压阀，其口径不得小于出风管的直径，释放压力应当为空气压缩机最高工作压力的1.25~1.4倍。

（4）避免阳光直晒地面空气压缩机站的储气罐。

4. 空气压缩设备的保护

空气压缩设备的保护，必须遵守下列规定：

（1）螺杆式空气压缩机的排气温度不得超过120 ℃，离心式空气压缩机的排气温度不得超过130 ℃。必须装设温度保护装置，在超温时能自动切断电源并报警。

（2）储气罐内的温度应当保持在120 ℃以下，并装有超温保护装置，在超温时能自动切断电源并报警。

（三）《煤矿安全规程》对主排水泵的规定

1. 水泵、排水管路

矿井应当配备与矿井涌水量相匹配的水泵、排水管路、配电设备和水仓等，并满足矿井排水的需要。除正在检修的水泵外，应当有工作水泵和备用水泵。工作水泵的能力，应当能在20 h内排出矿井24 h的正常涌水量（包括充填水及其他用水）。备用水泵的能力，应当不小于工作水泵能力的70%。检修水泵的能力，应当不小于工作水泵能力的25%。工作和备用水泵的总能力，应当能在20 h内排出矿井24 h的最大涌水量。

排水管路应当有工作和备用水管。工作排水管路的能力，应当能配合工作水泵在20 h内排出矿井24 h的正常涌水量。工作和备用排水管路的总能力，应当能配合工作和备用水泵在 20 h 内排出矿井 24 h 的最大涌水量。

配电设备的能力应当与工作、备用和检修水泵的能力相匹配，能够保证全部水泵同时运转。

2. 出口

主要泵房至少有 2 个出口，一个出口用斜巷通到井筒，并高出泵房底板以上 7 m；另一个出口通到井底车场，在此出口通路内，应当设置易于关闭的既能防水又能防火的密闭门。泵房和水仓的连接通道，应当设置控制闸门。

排水系统集中控制的主要泵房可不设专人值守，但必须实现图像监视和专人巡检。

3. 水仓

矿井主要水仓应当有主仓和副仓，当一个水仓清理时，另一个水仓能够正常使用。

新建、改扩建矿井或者生产矿井的新水平，正常涌水量在 1000 m^3/h 以下时，主要水仓的有效容量应当能容纳 8 h 的正常涌水量。

正常涌水量大于 1000 m^3/h 的矿井，主要水仓有效容量可以按照下式计算：

$$V = 2(Q + 3000)$$

式中 V——主要水仓的有效容量，m^3；

Q——矿井每小时的正常涌水量，m^3。

采区水仓的有效容量应当能容纳 4 h 的采区正常涌水量。水仓进口处应当设置箅子。对水砂充填和其他涌水中带有大量杂质的矿井，还应当设置沉淀池。水仓的空仓容量应当经常保持在总容量的 50% 以上。

4. 检查和维护

水泵、水管、闸阀、配电设备和线路，必须经常检查和维护。在每年雨季之前，必须全面检修 1 次，并对全部工作水泵和备用水泵进行1次联合排水试验，提交联合排水试验报告。

水仓、沉淀池和水沟中的淤泥，应当及时清理，每年雨季前必须清理1次。

5. 其他

大型、特大型矿井排水系统可以根据井下生产布局及涌水情况分区建设，每个排水分区可以实现独立排水，但泵房设计、排水能力及水仓容量必须符1~4要求。井下采区、巷道有突水危险或者可能积水的，应当优先施工安装防、排水系统，并保证有足够的排水能力。

（四）《煤矿安全规程》对带式运输机规定

1. 滚筒驱动带式输送机运输

采用滚筒驱动带式输送机运输时，应当遵守下列规定：

（1）采用非金属聚合物制造的输送带、托辊和滚筒包胶材料等，其阻燃性能和抗静电性能必须符合有关标准的规定。

（2）必须装设防打滑、跑偏、堆煤、撕裂等保护装置，同时应当装设温度、烟雾监测装置和自动洒水装置。

（3）应当具备沿线急停闭锁功能。

（4）主要运输巷道中使用的带式输送机，必须装设输送带张紧力下降保护装置。

（5）倾斜井巷中使用的带式输送机，上运时，必须装设防逆转装置和制动装置；下运时，应当装设软制动装置且必须装设防超速保护装置。

（6）在大于16°的倾斜井巷中使用带式输送机，应当设置防护网，并采取防止物料下滑、滚落等的安全措施。

（7）液力偶合器严禁使用可燃性传动介质（调速型液力偶合器不受此限）。

（8）机头、机尾及搭接处，应当有照明。

（9）机头、机尾、驱动滚筒和改向滚筒处，应当设防护栏及警示牌。行人跨越带式输送机处，应当设过桥。

(10) 输送带设计安全系数，应当按下列规定选取：

①棉织物芯输送带，8~9。

②尼龙、聚酯织物芯输送带，10~12。

③钢丝绳芯输送带，7~9；当带式输送机采取可控软启动、制动措施时，5~7。

2. 钢丝绳牵引带式输送机

新建矿井不得使用钢丝绳牵引带式输送机。生产矿井采用钢丝绳牵引带式输送机运输时，必须遵守下列规定：

(1) 装设过速保护、过电流和欠电压保护、钢丝绳和输送带脱槽保护、输送带局部过载保护、钢丝绳张紧车到达终点和张紧重锤落地保护，并定期进行检查和试验。

(2) 在倾斜井巷中，必须在低速驱动轮上装设液控盘式失效安全型制动装置，制动力矩与设计最大静拉力差在闸轮上作用力矩之比在之间；制动装置应当具备手动和自动双重制动功能。

(3) 采用钢丝绳牵引带式输送机运送人员时，应当遵守下列规定：

①输送带至巷道顶部的垂距，在上、下人员的 20 m 区段内不得小于 1.4 m，行驶区段内不得小于 1 m。下行带乘人时，上、下输送带间的垂距不得小于 1 m。

②输送带的宽度不得小于 0.8 m，运行速度不得超过 1.8 m/s，绳槽至输送带边的宽度不得小于 60 mm。

③人员乘坐间距不得小于 4 m。乘坐人员不得站立或者仰卧，应当面向行进方向。严禁携带笨重物品和超长物品，严禁触摸输送带侧帮。

④上、下人员的地点应当设有平台和照明。上行带平台的长度不得小于 5 m，宽度不得小于 0.8 m，并有栏杆。上、下人的区段内不得有支架或者悬挂装置。下人地点应当有标志或者声光信号，距离下人区段末端前方 2 m 处，必须设有能自动停车的安

全装置。在机头机尾下人处，必须设有人员越位的防护设施或者保护装置，并装设机械式倾斜挡板。

⑤运送人员前，必须卸除输送带上的物料。

⑥应当装有在输送机全长任何地点可由乘坐人员或者其他人员操作的紧急停车装置。

第三章　安全操作基本技能

第一节　岗位双述

一、岗位双述基础知识

岗位双述是指在煤矿生产中，为确保操作安全，各岗位的职工在作业操作前，对工作环境和操作对象进行设备与环境描述、岗位主要风险描述及安全确认。主要包括岗位描述和手指口述。

（一）岗位描述

岗位描述是一种对自我状况、安全责任、作业标准、作业环境、工艺流程、设备工具性能特点、协作配合等内容进行描述，从而逐步达到岗位作业本质安全水平的综合性知行训练。

岗位描述主要内容包括自我状况描述、设备与环境描述、岗位风险与安全确认、操作程序和避灾路线等几方面。

岗位描述的根本目标是进一步明晰岗位责任制，培养行家里手，锤炼岗位专家型职工队伍，但具体岗位、具体工种也可不拘泥于上述岗位描述的内容，各集团、各公司、各矿可根据实际情况进行岗位描述。

（二）手指口述

手指口述就是要求现场作业人员在作业和操作中，运用心想、眼看、手指、口述等一系列行为，对与安全有关的每一道关键工序、每一处关键部位、每一个关键环节进行确认，使人员的注意力高度集中，避免操作失误，从而减少事故发生，实现安全操作的方法。

手指口述的动作要求是上身保持直立姿势，眼睛紧紧注视着需要确认的对象，右手用力挥动手臂由上向下，食指指向需要确认的对象，刺激大脑思考，把最关键的话大声说出来。

手指口述的作用是：

（1）促使操作者保持高度集中的注意力。

（2）增强操作者的定力和稳定性，使操作者强制自己排除各种干扰。

（3）快速启动作业，使操作者迅速进入作业状态，并把注意力稳定在作业状态。

（4）强化对操作程序的记忆再现，增强作业的系统性、条理性及完整性。

（5）实现记忆的清晰化，提高操作的精确度，减少误差。

（6）严密地分析当前的作业状况，及时准确地作出判断，进行正确的选择。

（7）提高作业者对操作行为的自信心。

（8）有利于对关键性操作或问题、错误多发点的提醒。

手指口述简单易学，实用操作性强。手指口述操作法，让我们在工作中少出错误、少出纰漏，是风险预控管理的重要方法，可为安全生产打下良好的基础。

二、各岗位双述示例

（一）提升机机械维修作业岗位双述

1. 岗位安全描述

我叫×××，是矿井维修钳工，本班我的工作内容是检修提升机。

（1）设备与环境描述

我所负责检修的提升机为多绳摩擦式提升机，型号为×××，钢丝绳直径×××，制动系统为盘型制动系统，液压站型号为×××。作业现场环境良好。

(2) 岗位主要风险和安全确认。

①工作人员精神状态不好。

②检修大件放置不稳。

③检修前未进行停电、泄压挂牌。

④转动部位挤伤、卷入。

⑤工具不齐全完好。

⑥高空作业坠落。

经安全确认无隐患（经安全确认有×××隐患，正在处理）。

(3) 岗位主要操作程序。

安全确认→停电→挂停电牌、检修牌→开始检修→摘牌、送电→清理现场→试运行。

(4) 避灾路线。

①避水灾路线：A 地→B 地→上井。

②避火灾、瓦斯煤尘事故路线：A 地→B 地→上井。

2. 岗位手指口述

提升系统检修前安全确认（手指口述）：

(1) 确认人员身体状况、证件（手指口述：身体健康状况良好，证件合格，可以工作）。

(2) 确认劳动保护、工具、材料（手指口述：劳动保护、工具、材料齐全完好）。

(3) 确认工作环境（环境良好，可以工作）。

(4) 确认停电、停风、停水挂牌（手指口述：已停好，检修牌、停电牌已挂好）。

3. 检修中手指口述（以液压站检修为例）

(1) 确认提升机已停止、液压站已停电。

手指口述：提升机停止运行，液压站电源已停，确认完毕。

(2) 确认劳动保护、工具、材料。

手指口述：劳动保护、工具、材料齐全完好，确认完毕。

(3) 开始清洗液压站电磁阀。

手指口述：电磁阀标记清楚，确认完毕。

（4）安装电磁阀。

手指口述：电磁阀安装位置正确，螺栓紧固，确认完毕。

（5）液压站检修完毕后进行试运转。

手指口述：液压站检修完毕，可以试运转，确认完毕。

4. 行为禁忌

（1）严禁无证上岗。

（2）严禁工作人员带病上岗作业。

（3）严禁不停电、挂停电牌检修作业。

（4）检修中严禁使用不完好工具、设备等。

（5）严禁登高作业不系安全带、登高工具不可靠、单人登高作业。

（6）严禁不泄压检修压力设备。

（7）严禁与运转设备安全距离不够进行作业。

（二）空压机机械维修作业岗位双述

1. 岗位安全描述

报告，我叫×××，是矿井空气压缩机的维修工，我的工作内容是对空气压缩机、风包、冷却泵、排风管路等进行检修。分为日检和周期性检修，保证矿井正常用风，同时负责所管辖部位的文明生产。

（1）设备与环境描述。

我所检修的空气压缩机型号是×××，额定排气量×××，额定排气压力×××，额定电压：×××，电机功率×××，电机转速×××。

所在工作区域主要在压风机房内，位置在×××，作业区域均为新风，硐室内顶板状况良好。

（2）岗位主要风险和安全确认。

①巷顶掉矸、片帮。

②检修大件放置不稳。

③检修前未进行停电挂牌。

④转动部位挤伤、卷入。

⑤工具不齐全完好。

⑥工作人员精神状态不好。

经安全确认无隐患（经安全确认有×××隐患，正在处理）。

（3）岗位主要操作程序。

安全确认→进行停电挂牌→关闭管路闸阀→正常检修→恢复送电→开启管路闸阀→试运转→清理现场。

（4）避灾路线。

①避水灾路线：工作地点→大巷→上井。

②避火灾、瓦斯煤尘事故路线：工作地点→大巷→上井。

2. 岗位手指口述

压风系统检修安全确认（手指口述）：

（1）确认人员身体状况、证件、工作环境良好（手指口述：身体健康状况良好，证件合格，环境良好，可以工作）。

（2）确认劳动保护、工具、材料（手指口述：劳动保护、工具、材料齐全完好）。

（3）确认停电、停风、停水挂牌（手指口述：已停好，检修牌、停电牌已挂好）。

手指口述：确认完毕可以检修。

（4）确认空压机体是否完好，各部位螺栓是否紧固可靠，无异响（手指口述：机体完好，螺栓紧固）。

（5）确认保护装置是否可靠（手指口述：保护装置安全可靠）。

（6）确认各仪表指示是否正常（手指口述：各仪表指示正常）。

手指口述：检修完毕，可以试车。

3. 行为禁忌

（1）严禁无证上岗。

（2）严禁工作人员带病上岗作业。

（3）严禁不停电、挂停电牌检修作业。

（4）检修中严禁使用不完好工具、设备等。

（5）严禁登高作业不系安全带、登高工具不可靠、单人登高作业。

（6）严禁不泄压检修压力设备。

（7）严禁与运转设备安全距离不够进行作业。

（三）主排水机械维修作业岗位双述

1. 岗位安全描述

报告，我叫×××，是矿井主排水泵的维修工，我的工作内容是对水泵、闸阀、止回阀、引流装置、排水管路等进行检修。

（1）设备与环境描述。

我所检修的主排水泵型号是×××，流量×××，扬程×××，功率×××。

所在工作区域主要在中央排水泵房内，位置在×××，作业区域均为新风，硐室内顶板状况良好。

（2）岗位主要风险和安全确认。

①巷顶掉矸、片帮。

②检修大件放置不稳。

③检修前未进行停电挂牌。

④转动部位挤伤。

⑤工具不齐全完好。

⑥工作人员精神状态。

经安全确认无隐患（经安全确认有×××隐患，正在处理）。

（3）岗位主要操作程序。

安全确认→进行停电挂牌→正常检修→恢复送电→试运转→清理现场。

（4）避灾路线。

①避水灾路线：工作地点→逃生通道→上井。

②避火灾、瓦斯煤尘事故路线：工作地点→逃生通道→

上井。

2. 岗位手指口述

排水系统检修安全确认（手指口述）：

（1）确认人员身体状况、证件、工作环境良好（手指口述：身体健康状况良好，证件合格，环境良好，可以工作）。

（2）确认劳动保护、工具、材料（手指口述：劳动保护、工具、材料齐全完好）。

（3）确认停电、停水挂牌（手指口述：已停好，检修牌、停电牌已挂好）。

手指口述：确认完毕可以检修。

（4）确认水泵机体是否完好，各部位螺栓是否紧固可靠，无异响（手指口述：机体完好，螺栓紧固）。

（5）确认保护装置是否可靠（手指口述：保护装置安全可靠）。

（6）确认各仪表指示是否正常（手指口述：各仪表指示正常）。

手指口述：检修完毕，可以试车。

3. 行为禁忌

（1）严禁无证上岗。

（2）严禁带病上岗作业。

（3）严禁不停电、挂停电牌检修作业。

（4）检修中严禁使用不完好工具、设备等。

（5）严禁登高作业不系安全带、登高工具不可靠、单人登高作业。

（6）严禁不泄压检修压力设备。

（7）严禁与运转设备安全距离不够进行作业。

（四）带式输送机机械维修作业岗位双述

1. 岗位安全描述

我叫×××，今年××岁，是皮带区的一名矿井维修钳工，我的工作内容是检修输送带。

（1）作业场景描述

我现在所在的小组是主要负责×××上仓输送带设备的日常检修维护工作。该输送带是×××水平主提升系统的咽喉。输送带全长×××，带速为×××，输送带巷道顶板岩性为细砂岩，底板岩性为粉砂岩，结构较为稳定。

所在工作区域主要在中央排水泵房内，位置在×××，作业区域均为新风，硐室内顶板状况良好。

（2）岗位主要风险和安全确认。

①巷顶掉矸、片帮。

②检修大件放置不稳。

③检修前未进行停电挂牌。

④转动部位挤伤、卷入。

⑤工具不齐全完好。

⑥工作人员精神状态。

经安全确认无隐患（经安全确认有×××隐患，正在处理）。

（3）岗位操作描述。

我的岗位操作顺序：首先确认身体健康状况→开工→现场安全确认→停水→停电→按要求检修→供水→供电→试机→停工。

（4）火灾避灾方法描述：发生火灾、瓦斯、煤尘爆炸后，应以最快的速度佩戴好自救器，然后迎着风流方向，迅速向井口撤离。若人员在事故点顺风流侧时，应就近进入新鲜风流侧。即，×××上仓→×××井口→地面。

水灾避灾方法描述：当工作面发生水灾时，要由下向上撤出，其他地点人员就近向上撤出。即，×××上仓→×××副井→地面。

汇报完毕，请指示！

2. 岗位手指口述

带式输送机系统检修安全确认（手指口述）：

(1) 开工前确认参与工作人员、附近人员的身体健康状况、站位合理及工作区域顶板支护完好（手指口述：身体健康状况良好，站位合理，支护良好，可以工作）。

(2) 停电挂牌（手指口述：电已停好，挂好停电牌）。

(3) 检查输送带本体是否完好，是否挂有杂物，各部位螺栓是否紧固可靠（手指口述：本体完好，螺栓紧固）。

(4) 检查急停装置及传动装置是否灵活可靠，各处螺栓是否齐全（手指口述：各部位装置灵活可靠，螺栓齐全）。

(5) 检查各部位水管及电缆情况，接头是否完好，吊挂是否平直（手指口述：电缆完好，接口可靠）。

(6) 检查各部位减速器地脚螺栓是否松动，托辊连接是否可靠，减速器抱闸是否有效（手指口述：螺栓紧固，连接可靠，抱闸完好有效）。

3. 行为禁忌

(1) 严禁无证上岗。

(2) 严禁带病上岗作业。

(3) 严禁不停电、挂停电牌检修作业。

(4) 检修中严禁使用不完好工具、设备等。

(5) 严禁登高作业不系安全带、登高工具不可靠、单人登高作业。

(6) 严禁不泄压检修压力设备。

(7) 严禁与运转设备安全距离不够进行作业。

第二节　安全技术操作规程

一、提升机、空压机机械维修作业岗位安全技术操作规程

1. 适用范围

本规程适用于井上、下从事矿井提升、压风设备机械维修工

作的钳工。

2. 上岗条件

（1）必须取得本专业培训考试合格证后，方可上岗。

（2）身体健康，无影响从事本工种操作的健康问题。

（3）必须熟悉所维修的矿井提升设备的结构、性能、工作原理和各种保护的使用以及正常检查、试验方法，掌握设备完好标准以及维修工艺，会按照完好标准进行日常的维护和保养，能正确、快速处理各种故障。

（4）本规程未规定的内容，按《煤矿安全规程》和产品说明书中关于维修保养内容以及各单位的有关管理规定执行。

3. 安全规定

（1）工作前必须穿戴好规定的劳动保护用品，仔细检查所用工具、材料、设备是否齐全完好。

（2）运转设备检修时必须停止设备运转并停电，挂好停电牌。

（3）使用大锤作业时，不准戴手套，打大锤员工周围 2.5 m 内不得有人站立。

（4）拆卸、安装机械时，要先了解机械的性能、作用以及部件安装顺序，熟悉装配图纸。

（5）检修压力机械时，检修前要卸压，试验压力时，要先检查连接部件是否紧固，不得超压。

（6）使用锉刀或刮刀作业时，挫下的粉末不得用嘴吹或用手直接清除。

（7）多人作业或起吊物件时，要密切合作、互相照应，由现场负责人统一指挥，起吊架下严禁有人，高空作业时人和物件都要有防掉落措施。

（8）在机械设备下部工作时，要检查上方与周围是否有掉落重物的可能性，并戴好安全帽。.

（9）要认真执行本岗位责任制和交接班制度。

4. 操作准备

（1）接班人员必须向交班人员详细询问设备运转状况。

（2）准备好检修、查验所需工具、材料、备件。

（3）开工前做好环境、设备、工具的安全确认。

5. 正常操作

（1）认真执行设备巡视、检修查验制度，按规定的周期和部位对设备进行检查维护，发现问题及时处理。

（2）键、铆钉、螺母、螺栓、螺纹连接件等紧固件不松旷、歪斜，符合完好标准规定。

（3）减速器润滑良好，对减速器漏油、缺油现象及时处理，要求齿轮、齿面无裂纹，齿面点蚀不超限。

（4）润滑站、液压站油质无变质，每周倒试备用系统，油位低于油标时加油。

（5）天轮的各段衬垫、摩擦提升装置的绳槽衬垫磨损超过《煤矿安全规程》的规定时必须更换。

（6）轴以及轴承等转动部位转动灵活，按规定检查润滑情况和各处密封，有漏油或漏风现象及时更换密封。

（7）对绞车制动系统每天测一次闸间隙，每周做一次贴闸试验，对摩擦提升装置每月做一次张力试验，闸间隙不合要求时进行调整清擦闸盘。

（8）验备品备件。

6. 收尾工作

（1）每班工作结束后，认真填写检修、巡视记录本。

（2）清理现场，按交接班制度进行交接班。

二、主排水机械维修作业岗位安全技术操作规程

1. 适用范围

本规程适用于从事井下主排水泵房及其辅助系统检修、维护工作的矿井维修钳工（以下简称泵房机工）。

2. 上岗条件

（1）必须经专业培训，理论与实践操作考试合格，取得操作资格证，持证上岗。认真遵守并执行本工种的各种规章制度。

（2）身体健康，无影响从事本工种操作的健康问题。

（3）必须熟悉所维修的泵房机械设备的结构、性能、工作原理、技术特征和正常、检修操作，了解各种传感器的安装位置、用途，掌握设备完好标准及维修工艺，会按照完好标准进行日常的维护和保养，能正确、快速处理各种机械故障，熟知所辖机械设备备件的存放位置及种类。

（4）服从管理人员分配，认真完成其交代的任务，集体列队上、下岗，按规定规范坐罐、坐猴、乘车。

（5）本规程未规定的内容，按《煤矿安全规程》和产品说明书中关于维修、保养内容以及其他有关管理规定执行。

3. 安全规定

（1）工作前，严格按照“危害辨识，危险预知”安全确认实施办法，做好人、机、物、法、环等方面的安全确认，必须穿戴好规定的劳动保护用品，仔细检查和正确使用工具、材料、设备。

（2）检修时，必须先停止水泵、阀门等运转，并联系泵房电工停电，挂好停电牌后，再次进行联系确认。检修完毕，必须由挂牌者摘牌送电，严禁约时送电试运转。

（3）检修前后，必须通知调度站及泵房其他人员检修情况及注意事项，与其他工种员工之间做好协作，检修完毕必须由挂牌者摘牌送电，严禁约时送电试运转。

（4）涉及检修工作的各种机设备在缺乏必要的安全装置或安全装置失灵时，不得开动。回转部件的安全防护装置，在设备运转中，任何人不得拆卸。

（5）禁止跨越正在运转的机械传递物品，传递工具、材料、工件等不得抛掷。

（6）两人以上搬运大件物品时，须有专人指挥，互喊互答，互相照应。

（7）放置或堆积材料物品时必须稳固，并防止其倾倒、滚动。

（8）使用大锤作业时，不准戴手套，打大锤员工周围 2.5 m 内不得有人站立。

（9）使用锉刀或刮刀作业时，挫下的粉末不得用嘴吹或用手直接清除。

（10）操作手持电动工具，必须有两人在现场。

（11）拆卸、安装机械设备或部件时，要先了解其性能、作用以及部件安装顺序，熟悉装配关系。

（12）各种设备必须有专人负责操作、查验，其他人不经同意不准私自开动。

（13）多人作业或起吊物件时，要密切合作、互相照应，由现场负责人统一指挥，起吊架下或吊物上严禁有人。高空作业时，人和物件都要有防掉落措施。起重时不得超载吊运，并要找好物体重心，平稳升降。

（14）在机械设备下部工作时，要检查上方与周围是否有掉落重物的可能性，并戴好安全帽。

（15）检修压力机械时，检修前要卸压。试验压力时，要先检查连接部件是否紧固，不得超压。

（16）更换出水阀门、逆止阀前，必须先关闭出水阀门两侧主管路上的阀门，并对两个主管路上阀门之间的管路进行放水泄压。更换水泵、逆止阀必须先确认出水阀门是否彻底关严。小井清理必须在小井两侧水仓阀门关闭和停泵情况下进行。

（17）要认真执行本岗位责任制和交接班制度。

4. 操作准备

（1）检修前，必须熟知设备维修、运转状况。

（2）准备并详细查验所需工具、材料、备件，如发现其有危害安全时，禁止使用。

（3）工作前，严格按照“危害辨识，危险预知”安全确认实施办法做好人、机、物、法、环等方面的安全确认，必须穿戴好规定的劳动保护用品，仔细检查和正确使用工具、材料、设备。

5. 正常操作

（1）认真执行设备巡视、检修查验制度，按规定周期和部位对设备进行检查维护，发现问题及时处理。

（2）键、铆钉、螺母、螺栓、螺纹连接件等紧固件不松旷、不歪斜，符合完好标准规定。

（3）液压站及液压系统油质无变质，油位低于油标时必须及时加油，各接头连接牢靠。

（4）轴以及轴承等转动部位转动灵活，按规定检查润滑情况和各处密封，有漏油或漏风现象及时更换密封。

（5）联轴器间隙应符合 5～12 mm 规定，弹性圈外径与联轴器销孔内径不应超过 3 mm，柱销螺母有弹簧垫圈。

（6）定期调整水泵串量。平衡板、平衡盘磨损达到 3 mm 必须更换。盘根不过热，漏水不成线，盘根套无明显沟痕。

（7）泵与电机轴心线必须在同一平面内成直线，同时转动泵和电机轴时，泵与电机联轴器端间隙的均匀度，在上下、左右各方位上，最大和最小间隙不得超过 0. 25 mm，两联轴器的外径方向尺寸，在上下、左右各方位的变化值不得超过 0. 1 mm。

（8）泵体、阀门、管路及连接法兰无跑冒滴漏，阀门、逆止阀、小井阀门齐全、完好，操纵灵活，动作可靠，截流有效。平衡水管、冷却水管畅通、无堵塞。

（9）真空泵、射流泵完好，能在 5 min 内灌满水泵，真空泵水箱充满水。

（10）压力表、真空表完好、指示正确。

(11) 吸水小井无杂物，笼头不淤埋和堵塞，小井积泥面距吸水管下端不得小于最小极限值0.5 m。

(12) 水泵、阀门、管路防腐良好。

(13) 验备品备件。

6. 收尾工作

(1) 检修后，工作负责人对检修工作进行检查验收，检查人员、工具、材料是否全部撤回，设备是否完好。

(2) 清理现场，做好文明生产，恢复保护、送电，对检修的设备进行试运转，发现异常未排除故障前，严禁启车。

(3) 每班工作结束后，认真填写检修、巡视记录本，本人签字，责任明确。

三、带式输送机机械维修作业岗位安全技术操作规程

1. 适用范围

本规程适用于从事井下主运输送带及其辅助系统检修、维护工作的矿井维修钳工（以下简称机工）。

2. 上岗条件

(1) 必须经专业培训，理论与实践操作考试合格，取得操作资格证，持证上岗。

(2) 身体健康，无影响从事本工种操作的健康问题。

(3) 必须熟悉所维修的带式输送机及其组成装置的结构、性能、工作原理、技术特征和正常、检修操作。了解各种保护的安装位置、用途和复位方法。掌握设备完好标准及维修工艺，会按照完好标准进行日常的维护和保养，能正确、快速处理各种机械故障。熟知所辖机械设备备件的存放的位置及种类。

(4) 服从管理人员分配，认真完成其交代的任务，集体列队上、下岗，按规定规范乘罐、乘坐缆车、乘坐人车。

(5) 因皮带巡视工缺岗由皮带机工临时替班或协助其他工

种作业时，也必须认真执行其他工种相应的岗位责任制度。

（6）本规程未规定的内容，按《煤矿安全规程》和产品说明书中关于维修、保养内容以及其他有关管理规定执行。

3. 安全规定

（1）工作前，做好人、机、物、法、环、讯等方面的全面安全确认工作，必须穿戴好规定的劳动保护用品，仔细检查和正确使用工具、材料、设备。

（2）检修时，必须先通知调度站和信控中心，说明检修工作的主要内容，停止输送带运转，并联系皮带区电工停电，挂好本人的停电牌。现场拉下最近的一组急停开关，并保持闭锁状态后，再次进行联系确认。检修完毕，必须由挂牌者摘牌送电，严禁约时送电试运转。

（3）检修前后，必须通知当班皮带机头、机尾巡视工与其关联的检修情况及注意事项，并且与其他工种员工之间做好协作。

（4）涉及检修工作的各种机电设备在缺乏必要的安全装置或安全装置失灵时，不得开动。回转部件的安全防护装置，在设备运转中，任何人不得拆卸。

（5）禁止跨越正在运转的机械传递物品，传递工具、材料、工件等不得抛掷。

（6）禁止乘坐输送带，且禁止用输送带拉运设备、材料、工具等。

（7）两人以上搬运大件物品时，须有专人指挥，互喊互答，互相照应。

（8）放置或堆积材料物品时必须稳固，并有防止其倾倒、滚动的具体措施。

（9）使用大锤作业时，不准戴手套，打大锤员工周围 2. 5 m 内不得有人站立。

（10）使用锉刀或刮刀作业时，挫下的粉末不得用嘴吹或用手直接清除。

(11) 操作手持电动工具，必须有两人在现场。

(12) 拆卸、安装机械设备或部件时，要先了解其性能、作用以及部件安装顺序，熟悉装配关系。

(13) 各种设备必须有专人负责操作、查验，其他人员不经同意严禁私自开动。多人在一起同时安装或检修一台机械时，要由专人指挥进行作业。

(14) 多人作业或起吊物件时，要密切合作、互相照应，由现场负责人统一指挥，起吊架下方或吊物上方严禁有人。高空作业时，人和物件都要有防掉落措施。起重时不得超载吊运，并要找好物体重心，平稳升降。

(15) 在机械设备下部工作时，要检查上方与周围是否有掉落重物的可能性，并戴好安全帽。

(16) 检修压力机械时，检修前要泄压。试验压力时，要先检查连接部件是否紧固，不得超压。

(17) 要认真执行本岗位责任制和交接班制度。

4. 操作准备

(1) 检修前，必须向上一班皮带电工和皮带巡视工详细询问设备维修、运转状况。

(2) 准备并详细查验所需工具、材料、备件，如发现其有危害安全的情况时，禁止使用。

(3) 开工前，做好人员、环境、设备、工具、工序的安全确认。

5. 正常操作

(1) 认真执行设备巡视、检修查验制度，按规定周期对设备进行检查维护，发现问题及时处理。

(2) 键、铆钉、螺母、螺栓、螺纹连接件等紧固件不松旷、不歪斜，符合完好标准规定。

(3) 减速器润滑良好，对减速器漏油、缺油现象及时处理。

要求齿轮、齿面无裂纹，齿面点蚀不超限，无被挤压、变形现象，噪声、振动无异常。

（4）润滑站、液压站及液压系统油质无变质，油位低于油标时必须及时加油，各接头连接牢靠。

（5）衬垫等零件磨损超过《煤矿安全规程》的规定时必须更换。

（6）轴以及轴承等转动部位转动灵活，按规定检查润滑情况和各处密封，有漏油或漏风现象及时更换密封。

（7）输送带接头牢固平整、接缝平直、无裂口、无鼓泡、无撬边，接头总破损量和输送带面胶脱层符合规定。钢丝绳芯输送带不得有边部波浪和钢丝外漏现象，面胶脱层符合规定，硫化接头的强度不低于原输送带强度的85%。

（8）各滚筒金属表面无开焊、无裂纹、无明显凹陷。滚筒端盖螺栓齐全，弹簧垫圈压平紧固。滚筒胶层无脱层或裂口，异常磨损。卸载滚筒清扫器和机尾清扫器，要求刮板与滚筒或胶带接触角度正确、间隙适当，并且要求设置保险链。滚筒无异响，温升不超过75 ℃。机头、机尾传动部件防护栏（罩）应可靠，防止人员与其相接触。

（9）放煤嘴检修闸板能够完全打开和关闭，封口圈螺丝、焊口、放煤嘴与梁吊点无异常，护板螺丝无松动，护板无变形，不刮输送带，底板无开焊、砸漏现象。

（10）机头架、机尾架和拉紧装置架，不得有开焊现象。托辊安装整齐，要求无掉辊和缺辊现象。各种托辊必须保持转动灵活，无卡阻和异响，托辊架必须安装齐全，无开焊、变形。

（11）拉紧装置拉紧压力的数值应必须每天对比，及时补充压力，液压油油位不足时及时补充，车架无损伤、无变形，车轨道无变形，车轮在轨道上运行自如、无异响，钢丝绳无断股、无严重锈蚀。

(12) 制动装置工作正常，各传动杆件灵活可靠。液压油充足，无漏油和渗油现象。闸皮磨损严重必须及时更换，制动衬垫磨损到2~3 mm厚度时必须更换，各销轴不松旷、不缺油，闸轮表面无油迹。各类制动器检修后，在正常制动和停电制动时，不得有爬行、卡阻等现象。

(13) 清扫器调节装置完整无损。清扫器橡胶刮板必须用阻燃、抗静电材料，其高度不得小于20 mm，并有足够的压力。与输送带接触部位应平直，接触长度不得小于85%。

(14) 给煤机给煤板无开焊、磨损、变形、移位。橡胶弹簧无裂纹、无变形、无后仰。对轮输送带无撕裂，磨损不超过1/4。轴承运转情况良好、无异响，温升不超过70 ℃。

(15) 及时查验补充备品备件。

6. 收尾工作

(1) 检修后，工作负责人对检修工作进行检查验收。检查人员、工具、材料是否全部撤回，设备是否完好。

(2) 清理现场，做好文明生产，恢复保护、送电，对检修的设备进行试运转，发现异常未排除故障前，严禁启车。

(3) 由工作负责人将检修结果汇报区调度站和信控中心。

(4) 每班工作结束后，认真填写检修、巡视记录本，必须由本人签字，责任明确。

(5) 按交接班制度进行交接班。

第三节　维护检修与故障处理

一、提升机维护检修与故障处理

(一) 提升机维护检修

提升机（多绳摩擦式）机械检修标准（日检）见表3-1，(周检) 见表3-2。

表3-1　机械检修标准（日检）

序号	部位	检修内容	检　修　标　准	周期
1	液压站	压力表、油泵、管路、各阀、油量	各压力表指示是否正常，油泵有无异响，管路、阀体有无漏油，油位是否在规定范围内，各组电磁阀是否有漏油现象和电磁阀的各条螺栓有无松动	每班
2	盘形闸	间隙、螺栓、油路、温度	盘形闸是否漏油、过热或间隙过大等现象，各螺栓是否紧固，各盘型闸间隙是否超标，贴闸压力是否发生较大变化	每班
3	提升机轴承座	温度、工作状况	是否有震动、过热、漏油等现象	每班
4	闸盘	外观	闸盘保持干净，有油污或闸盘粉末时，应与司机联系慢速开车及时清理	每班
5	风机	轴承、扇叶	夏季对冷却风机轴承油位、扇叶等部位进行检查	每班

表3-2　机械检修标准（周检）

序号	检修部位	检修内容	检　修　标　准	周期
1	液压站	电磁阀	液压站各电磁阀、调节灵活可靠，每月对所有电磁阀和滤芯进行清洗一次	每周
2		油路、油质	对液压油路进行一次清洗，查看各油路供油情况，检查液压油是否变质	每年

表 3-2（续）

序号	检修部位	检修内容	检修标准	周期
3	冷却系统	冷却风机轴承、扇叶、滤网、冷却管路	夏季必须对冷却风机轴承油位、扇叶等部位进行检查，确保正常，对风机的滤风幕滤网进行除尘检查，并定期对滤网进行更换（要求每3个月更换一次滤网），冷却管路接头无跑、冒、滴、漏现象，各处瓦路完好	每周
4	盘形闸	闸瓦	测量并调整闸瓦间隙，使闸瓦间隙不大于2 mm	每周
5	提升机	闸盘	闸盘无开焊或裂纹，无严重磨损，闸瓦无缺损、无断裂，表面无油污，闸瓦螺栓紧固，闸瓦磨损不超限：闸瓦磨损后表面距固定螺栓头部不小于5 mm，施闸时每一闸瓦与闸轮接触良好，制动中不过热，无异常振动和噪声	每周
6	提升机	滚筒、衬垫、轴承	无开焊、裂纹和变形，摩擦轮衬垫固定良好，绳槽磨损深度不应超过70 mm，衬垫底部的磨损剩余厚度不应小于钢丝绳直径，各轴承座螺丝是否紧固齐全，油量是否适当，有无漏油现象，轴承温度是否正常	每周
7	提升机	评估检查	对提升机各部位进行评估检查	每月
8	提升机	主轴	对主轴进行探伤	2年
9	油路	液压管路	液压系统各管路、接头无漏油现象，压力表工作指示正常	每周

表3-2（续）

序号	检修部位	检修内容	检修标准	周期
10	天轮	轮缘、辐条、轴承油脂、衬垫	轮缘和辐条不得有裂纹、开焊、松脱或变形，轴承油脂适量，温度不超过75℃，无异响和振动，衬垫固定牢固，槽底磨损量不得超过钢丝绳直径	每周
11		轴瓦润滑	对天轮轴瓦进行加油	2周
12		轴瓦螺栓	对固定天轮轴瓦螺栓紧固情况进行检查	3个月
13		轴承	打开轴承端盖，检查轴承磨损情况及润滑油油脂情况	3个月

（二）提升机故障处理

提升机的常见故障原因及处理方法见表3-3~表3-8。

表3-3　主轴装置常故障原因及处理方法

故障现象	故障原因	处理方法
主轴断裂或弯曲	1. 各支承轴承的同心度和水平度偏差过大，使轴局部受力过大，反复疲劳折断。 2. 经常超载运转和重负荷冲击，使轴局部受力过大产生弯曲。 3. 加工装配质量不符合要求。 4. 材质不佳或疲劳	1. 调整同心度和水平度。 2. 防止重负荷冲击。 3. 保证加工质量。 4. 更换合乎要求的材质
滚筒产生异响	1. 连接件松动或断裂，产生相对位移和振动。 2. 滚筒筒壳产生裂纹或强度不够，产生变形。	1. 进行紧固或更换。 2. 焊接处理或在筒内用型钢加补强筋。

表 3-3（续）

故障现象	故障原因	处理方法
滚筒产生异响	3. 焊接滚筒开焊。 4. 游动滚筒衬套与主轴间隙过大。 5. 离合器有松动。 6. 键松动。 7. 制造粗糙引起应力集中。 8. 连接零件松动或断裂。 9. 木衬磨损或断裂	3. 焊接处理。 4. 更换衬套，适当加油。 5. 调整，紧固连接件。 6. 紧固键或更换键。 7. 钻止裂孔、焊加强板。 8. 紧固螺栓。 9. 更换木衬
轴承发热、烧坏	1. 缺润滑油或油路堵塞。 2. 润滑油脏，混进杂物。 3. 间隙小或瓦口垫磨损。 4. 与轴颈接触面积不够。 5. 油环卡塞	1. 补充润滑油，疏通油路。 2. 清洗过滤器，换油。 3. 调整间隙及瓦口垫。 4. 刮瓦研磨。 5. 检查修理油环
主轴轴向窜动	轴承端面磨损造成间隙增大	加铜环和调整垫片
固定滚筒左轮毂内孔磨损	多种负荷作用产生微动	更换
活动滚筒铜套紧固螺栓剪断	铜套与主轴配合处缺乏润滑油	清洗润滑油道、油槽、选用合适黏度的润滑油
活动滚筒轴瓦磨损	缺乏润滑油、主轴歪斜	加强润滑、调整主轴中心、更换铜瓦
制动盘偏摆超差	1. 主轴不正、主轴承轴瓦磨损。 2. 游动滚筒铜瓦磨损间隙偏大	1. 检查调整主轴位置、更换轴瓦。 2. 更换铜瓦、调整闸盘

表3-4　减速器常见故障原因及处理方法

故障现象	故障原因	处理方法
齿轮有异响和振动过大	1. 齿轮装配啮合间隙超限或点蚀剥落严重。 2. 轴向窜量过大。 3. 各轴水平度及平行度偏差太大。 4. 轴瓦间隙过大。 5. 键松动。 6. 齿轮磨损过大	1. 调整齿轮啮合间隙，限定负荷，更换润滑油。 2. 调整窜量。 3. 重新调整各轴的水平度及平行度。 4. 调整轴瓦间隙或更换。 5. 紧固键或更换键。 6. 进行修理或更换齿轮
齿轮磨损过快	1. 装配不好，齿轮啮合不好。 2. 润滑不良或油有杂质。 3. 加工精度不符合要求。 4. 负荷过大或材质不佳。 5. 疲劳	1. 调整装配。 2. 加强润滑。 3. 适当检修处理。 4. 调整负荷或更换齿轮。 5. 修理或更换
齿轮打牙断齿	1. 齿间掉入金属异物。 2. 突然重载荷冲击或反复重复载荷冲击。 3. 材质不佳或疲劳	1. 检查取出，更换齿轮。 2. 采取相应措施，杜绝超负荷运转。 3. 更换齿轮
传动轴弯曲或折断	1. 材质不佳或疲劳。 2. 断齿进入另一齿轮齿间空隙，齿顶顶撞。 3. 齿间掉入金属硬物，轴受弯曲应力过大。 4. 加工质量不符合要求，使轴产生大的应力集中	1. 改进材质。 2. 发现断齿及时停车，及早处理断齿。 3. 杜绝异物掉入。 4. 改进加工方法，保证加工质量

表3-4（续）

故障现象	故障原因	处理方法
齿轮裂纹	制造原因和使用原因引起的应力集中	将裂纹处打磨光滑使其周围圆滑过渡，防止裂纹扩散
断齿	过载、应力集中、交变载荷	更换
齿面损伤（点蚀、剥落）	齿轮的材料、加工、承受的交变负载	将点蚀坑边沿打磨圆滑，更换极压齿轮油
齿面磨损	齿面上没有油膜、硬质颗粒啮合区、齿轮加工误差造成啮合不正常	采用极压齿轮油，保证润滑油清洁，监视磨损发展情况
齿面胶合	缺乏润滑油、负载过重、局部过热	将损伤处打磨光滑，采用极压齿轮油润滑冷却
箱体变形	地脚螺栓松动、基础变形	增减调整垫片，紧固地脚螺栓

表3-5　制动装置常见故障原因及处理方法

故障现象	故障原因	处理方法
制动器不开（松）闸	液压站油压不够	检查液压站
制动器不制动	液压站故障或制动器失效	检查液压站、检查制动器
制动时间长、制动力小	闸瓦间隙大、闸瓦上有油、碟形弹簧弹力不够	检查修理
制动器动作缓慢	液压系统有空气、密封圈损坏、油压不足	检查修理

表 3-5（续）

故障现象	故 障 原 因	处 理 方 法
制动器和制动手把跳动或偏摆，制动或松闸不灵活	1. 闸座销轴及各铰接轴松动或销轴缺油。 2. 传动杠杆有卡塞地方。 3. 制动油缸卡缸。 4. 制动器安装不正。 5. 压力油脏，油路阻滞	1. 更换销轴，定期注润滑油脂。 2. 检查处理卡塞之处。 3. 检查并调正制动缸。 4. 重新调整找正。 5. 清洁油路，换油
闸瓦过热及烧伤制动盘	1. 用闸过多过猛。 2. 闸瓦螺栓松动或闸瓦磨损过度，螺栓触及制动盘。 3. 闸瓦间隙小、接触面积小于 60%	1. 改进操作方法。 2. 更换闸瓦，紧固螺栓。 3. 调整闸瓦间隙、接触面积
制动油缸顶缸	工作行程不当	调整工作行程
制动油缸漏油	密封圈磨损或破裂	更换密封圈
制动油缸卡缸	1. 活塞皮碗老化变硬。 2. 活塞皮碗在油缸中太紧。 3. 压力油脏，过滤器失效。 4. 活塞底部的压环螺钉松动或脱落。 5. 制动油缸磨损不均	1. 更换。 2. 调整。 3. 换油，清洗。 4. 定期检查，增加防松装置。 5. 修理油缸或更换
盘形闸闸瓦断裂，制动盘磨损	1. 闸瓦材质不好。 2. 闸瓦接触面不平，有杂物	1. 更换质量好的闸瓦。 2. 清扫，调整
正常运行时油压突然下降	1. 电液调压装置的控制杆和喷嘴的接触面磨损。 2. 动线圈的引线接触不好或自整角机无输出。 3. 溢流阀的密封不好，漏油。 4. 管路漏油	1. 用油石磨平喷嘴，调整弹簧。 2. 检查线路。 3. 修理溢流阀或更换。 4. 检查管路

表 3-5（续）

故障现象	故 障 原 因	处 理 方 法
开动叶片油泵后不产生油压，溢流阀没有油流	1. 叶片油泵内进入空气。 2. 叶片油泵卡塞。 3. 滤油器堵塞。 4. 滑阀失灵，高压油路和回油路接通。 5. 节流孔堵死或滑阀卡住	1. 排出油泵中的空气。 2. 检修叶片油泵。 3. 清洗或更换。 4. 检修滑阀。 5. 清洗检查溢流阀
液压站残压过大	1. 电流调压装置的控制杆端面离喷嘴太近。 2. 溢流阀的节流孔过大	1. 将十字弹簧上端的螺母拧紧一些。 2. 更换节流孔元件
油压高频振动	1. 油泵、溢流阀、十字弹簧发生共振。 2. 油压系统中进入空气	1. 更换液压元件。 2. 利用排气孔排出空气
制动力矩不足	1. 碟形弹簧弹力不够。 2. 闸瓦与制动盘接触面积小，粗糙度不好，使摩擦系数降低	1. 更换碟形弹簧。 2. 提高粗糙度，增加接触面积

表 3-6　联轴器常见故障原因及处理方法

故障现象	故 障 原 因	处 理 方 法
联轴器发出异响，连接螺栓切断	1. 缺润滑油脂，漏油。 2. 齿轮间隙超限。 3. 切向键松动。 4. 同心度及水平度偏差超限。 5. 齿轮磨损超限。 6. 外壳窜动切断螺栓。 7. 蛇形弹簧折断	1. 加润滑油脂，换密封圈。 2. 调整间隙。 3. 紧固切向键。 4. 调整找正。 5. 更换。 6. 处理外壳，更换螺栓。 7. 更换

表3-7　提升容器位置指示器常见故障原因及排除方法

故障现象	故 障 原 因	排 除 方 法
提升容器位置指示器的丝杠晃动，指示失灵	1. 丝杠弯曲或安装不当，螺母磨损。 2. 传动齿轮磨损，跳牙。 3. 传动齿轮联结键松动。 4. 摩擦式提升机的电磁离合器黏滞，不调零	1. 调整或更换。 2. 更换。 3. 修理，紧固键。 4. 检修电磁离合器及调整装置

表3-8　调绳离合器常见故障原因及处理方法

故障现象	故 障 原 因	处 理 方 法
离合器发热	离合器沟槽口处有金属碎屑或其他脏物	用煤油清洗、擦净，并加润滑油
活动滚筒卡在轴上	活动滚筒的轴套润滑不良，或尼龙轴套黏结	改善并加强润滑、油管避免用直角接头、更换尼龙轴套
离合器不能很好地合上	内齿圈和外齿轮的轮齿上有毛刺	进行检查，清除毛刺
离合器油缸内有敲击声	1. 活塞安装不正确。 2. 活塞与缸盖间的间隙太小	1. 进行检查，重新安装。 2. 进行调整，一般此间隙不应小于2~3 mm
调绳时离合器离开缓慢	密封圈损坏漏油	更换
调绳时离合器离不开	联锁阀的小活塞卡住、小活塞上弹簧预压力大	检查调整
离合器合上困难	轮毂与尼龙瓦配合间隙偏大	检查调整或更换
离合器齿轮自动脱开	联锁阀失灵或离合油缸漏油	检查更换

二、压风系统（螺杆式空压机）维护检修与故障处理

（一）螺杆式空压机维护检修

螺杆式空压机日常检查要求见表 3-9，周期检修见表 3-10。

表 3-9　日常检查要求

序号	检修部位	检修标准	周期
1	外观及面板	1. 空压机附属部分完好无破损。 2. 泵体及附属部件表面无灰尘。 3. 空压机各部位螺栓紧固无松动。 4. 面板上压力表压力在 0.5～0.62 MPa 之间，显示不正常需进行更换	每天
2	出风管路	1. 管路连接处无漏风现象。 2. 出风管路上的压力表指示正常（0.5～0.62 MPa），不符合要求应进行更换。 3. 压力表在检定有效期内使用	每天
3	冷却水泵	1. 冷却水泵完好，使用无滴水、漏水现象。 2. 冷却水泵润滑油保证足量，不足时必须及时补加。 3. 冷却水泵运转过程中供水压力不低于 0.3 MPa。 4. 确保备用水泵能够随时启动且正常运转	每天
4	冷却水管路	1. 冷却水管路无跑冒滴漏现象。 2. 冷却水池内冷却水位应高于吸水口以上 1 m，水量不足时每天应及时补充	每天
5	风包及附件	1. 风包及各附件表面无灰尘。 2. 压力表、安全阀和电接点温度计在校验有效期内使用。 3. 风包放水管路阀门开、关顺畅，2 h 排放一次风包内的冷凝水。 4. 定期清除风包内积炭及风包内油垢	每天

表3-10　周　期　检　修

序号	检修部位	检　修　标　准	周期
1	空气冷却器	空气滤清器要根据现场使用情况进行清理或更换，最长清洗周期不超过3个月并留有清理或更换记录	每月
2	后冷却器	1. 根据水质情况及空压机运行情况确定清洗或更换后冷却器。 2. 检查确保自动放水管路畅通	每月
3	油气筒	1. 观察油气筒内油位位置，油位在上下两刻度中间，润滑油不足时及时补加，补加润滑油的量应进行记录。 2. 每2个月清洁油冷却器或更换油过滤器，并留有记录	每2月
4	安全阀	1年进行校验，合格方可投入使用	每年

（二）螺杆式空压机故障处理

螺杆式空压机故障处理见表3-11。

表3-11　故　障　处　理

序号	故障现象	原　因	处　理　方　法
1	无法启动	1. 热控阀、油滤压差开关开路故障。 2. 线路接点松脱。 3. 启动器故障。 4. 电动机故障。 5. 压缩机主机故障	1. 检查修复或更换。 2. 检查修复。 3. 由电工处理。 4. 由电工处理。 5. 联系生产厂家
2	排气量不足、排气压力下降	1. 空滤堵塞。 2. 进气阀动作不良。 3. 泄放（电磁）阀失效泄漏。	1. 清洗或更换。 2. 拆卸或更换。 3. 检查、修复或更换。

表3-11(续)

序号	故障现象	原　因	处　理　方　法
2	排气量不足、排气压力下降	4. 油气分离器堵塞。 5. 用气量太大。 6. 容调不当。 7. 制压阀调整不当	4. 清洗或更换。 5. 调节用风量。 6. 重新设定。 7. 重新设定
3	无法空车，安全阀动作	1. 制压阀调整不当。 2. 进气阀动作不良。 3. 泄放阀失效。 4. 容调阀调整不当。 5. 泄放管路堵塞	1. 重新设定。 2. 拆卸清洗。 3. 检查、修复或更换。 4. 重新设定。 5. 检查、修复或更换
4	无法重车	1. 制压阀调整不当。 2. 进气阀动作不良。 3. 泄放阀失效。 4. 容调阀调整不当	1. 重新设定。 2. 拆卸清洗。 3. 检查、修复或更换。 4. 重新设定
5	排气温度过高，超过100 ℃空压机跳闸	1. 润滑油量不足。 2. 喷油量少。 3. 油滤堵塞。 4. 油冷却器蒙尘太多。 5. 润滑油规格不正确。 6. 热控阀故障。 7. 温度开关故障	1. 检查油位、过低停车加油。 2. 开大油流量调整阀。 3. 更换。 4. 清洗。 5. 检查牌号、更换油品。 6. 检查油是否流过冷却器，如无更换热控阀。 7. 更换

表 3-11 (续)

序号	故障现象	原 因	处 理 方 法
6	排气温度过低(低于70 ℃)	1. 环境温度过低。 2. 喷油量大。 3. 温度指示不正确。 4. 热控阀故障。 5. 温度开关故障	1. 关小油流量调整阀。 2. 关小油流量调整阀。 3. 更换。 4. 更换。 5. 更换
7	排气含油量高、油耗大	1. 油面太高。 2. 回油管堵塞。 3. 油分离器破损	1. 停机检查、排放至正常油位。 2. 拆卸清洁。 3. 更换
8	空重车频繁转换	1. 管路泄漏。 2. 制压阀压差太小。 3. 用气量不够稳定	1. 检查并锁紧。 2. 重新设定。 3. 用气系统尽可能重新安排

三、主排水系统维护检修与故障处理

(一) 主排水泵维护检修

主排水泵日常检查要求见表3-12、周期检查要求见表3-13。

表 3-12 日常检查要求

序号	检修部位	检 修 标 准	周期
1	紧固件	1. 螺纹连接件和锁紧件必须齐全、牢固可靠。螺栓头部和螺母不得有铲伤、棱角严重变形。 2. 螺母必须拧紧，拧紧后螺栓的螺纹应露出螺母1~3个螺距，不得在螺母下加多余的垫圈来减少螺栓露出长度。	每天

表 3-12（续）

序号	检修部位	检 修 标 准	周期
1	紧固件	3. 螺纹表面必须光洁，不得用粗制螺纹代替精制螺纹。 4. 弹簧垫圈应有足够的弹性（自由状态开口重叠部分不得大于垫圈厚度的 1/2）。 5. 定位销和定位孔相吻合，不松旷	每天
2	填料装置	1. 检修时要更换新填料。 2. 填料函处的轴套不得有磨损或沟痕。 3. 盘根漏水，保持在 10~20 滴/min，盘根箱不过热	每天
3	吸水小井	无杂物，笼头不淤埋和堵塞，小井积泥面距吸水管下端不得小于最小极限值 0.5 m	不定期

表 3-13 周 期 检 修 要 求

序号	检修部位	检 修 标 准	周期
1	滚动轴承	1. 轴承元件不得有裂纹、脱落、伤痕、锈斑、点蚀或变色等。保持架应完整无变形。转动灵活，无异响。 2. 滚动轴承径向磨损间隙不得超过 0.003 ~ 0.053 mm。 3. 轴承润滑的油量要适当（1/3~1/2），油质应符合规定，轴承座不得漏油。 4. 装配时应将轴承上注有字样的端面朝外，轴承应紧贴在轴肩或间隔套上，不得有间隙（可调整的轴承例外）。 5. 运行过程中滚动轴承不得超过 75 ℃	每月
2	弹性圈柱销联轴器	1. 联轴器两对轮之间的间隙不得大于设备最大轴向窜量 2~3 mm。	每月

表3-13(续)

序号	检修部位	检修标准	周期
2	弹性圈柱销联轴器	2. 两个半联轴器的任何两个穿柱销的孔对准后，柱销应能自由地穿入其他各孔。 3. 弹性圈的内径与柱销应紧密配合，外径与孔应有0.3~0.7 mm的间隙。柱销螺母应有防松装置。 4. 联轴器弹性圈外径与联轴器销孔内径不应超过3 mm。柱销螺母有弹簧垫圈。两轴同轴度不超过2‰	每月
3	吸水小井	无杂物，笼头不淤埋和堵塞，小井积泥面距吸水管下端不得小于最小极限值0.5 m	不定期
4	管路	1. 管路焊缝完好，不漏水，每年雨季前查验一次井筒内的管路。 2. 整套排水管路系统无砂眼、裂纹，不漏水。 3. 管路与闸阀之间的连接法兰连接紧固可靠，密封完好，不漏水。 4. 管卡、管架及管座牢固可靠。 5. 泵房内环形管路防腐良好	每月
5	阀门	1. 逆止阀、闸阀、底阀手轮手柄齐全，各处连接螺栓齐全、紧固可靠。 2. 逆止阀、闸阀、底阀动作灵活可靠，能完全关闭打开，阀门关闭后必须密闭严实，不漏水。 3. 吸水井中无杂物，底阀不淤埋和堵塞，自灌满水起5 min后能启动水泵	每月
6	防水闸门	1. 密封胶条完整。 2. 门面平整不变形。 3. 门轴部位转动灵活，无卡组。 4. 整个闸门必须易于关闭，关闭后要求密封性能完好，不漏水	每月

表 3-13 (续)

序号	检修部位	检修标准	周期
7	真空泵、射流泵	1. 能在 5 min 内灌满水泵，真空泵水箱充满水。 2. 外观完好、无失爆、锈蚀	每月

（二）主排水泵故障处理

主排水泵故障处理见表 3-14。

表 3-14　故障处理

序号	故障现象	原因	解决方法
1	水泵不吸水，压力表及真空表的指针剧烈跳动	注入水泵的水量不够，水管与仪表漏气	再往泵内注入水，拧紧、堵塞漏气处或更换盘根
2	水泵不吸水、真空表显示真空	底阀没有打开或已淤塞，吸水高度太大	检修底阀，提高水位或清吸水小井
3	看压力表水泵出水处有压力，然而水泵不出水	出水管阻力太大，旋转方向不对，叶轮淤塞，水泵转数不够	检查或缩短水管及检查电机，取下水管接头，清洗叶轮，达到水泵额定转数
4	流量低于预计	水泵淤塞，密封环磨损过大，平衡装置磨损	清洗水泵及管路，更换密封环，检修平衡装置
5	水泵消耗的功率过大	因平衡装置磨损过量，造成叶轮前盖板摩擦	检修平衡装置及叶轮等零件，适当关小闸阀的开度
6	水泵内部声音反常，水泵不上水	流量过大，吸管内阻力过大，吸水高度过大，在吸水处有空气渗入，所吸液体温度过高	增加出水管内的阻力以降低流量，检查吸水管、底阀，提高水位，拧紧堵塞漏气处

表3-14（续）

序号	故障现象	原　因	解 决 方 法
7	水泵振动	泵轴与电机轴线不在同一中心线上，泵轴斜了	把水泵和电机的轴中心线对准
8	轴承过热	没有油，水泵轴和电机轴不在同一中心线上	注油，把轴中心对准，检查或清洗轴承体

四、带式输送机维护检修与故障处理

（一）带式输送机日常检查要求

带式输送机日常检查要求见表3-15、周期检查要求见表3-16。

表3-15　输送带日常检查要求

序号	检修部位	检　修　标　准	周期
1	减速器	1. 检查油位，要求油位高出油位线不少于100 mm。 2. 检查油路，要求各接头无漏油，无被挤压、变形现象。 3. 检查CST运行状况，要求运行平稳，不振动，无异响。 4. 检查CST各种螺丝、螺栓，要求紧固，无松动，包括泵站系统	每天
2	滚筒	1. 检查卸载滚筒清扫器和机尾清扫器，要求刮板与滚筒或输送带接触角度正确。 2. 运行中滚筒无异响，温升不超过75 ℃	每天
3	机架	1. 纵梁无变形和锈蚀，连接处涨销齐全、牢固、可靠。 2. H梁无变形和锈蚀，两端高低一致，有编号。	每天

表3-15(续)

序号	检修部位	检　修　标　准	周期
3	机架	3. 机头大架无变形，固定可靠，护栏安装齐全，固定牢固，无变形	每天
4	输送带	1. 输送带接口实行编号管理，机械接口每日查验一次。 2. 机械接口要求卡子无变形，输送带与卡子连接部位无过度拉伸变形。 3. 硫化接口要求无撬边，钢丝绳不裸露在外，机械接口要求卡子无变形，输送带与卡子连接部位无过度拉伸变形	每天
5	托辊和托辊架	1. 对整条输送带机巡视一次。 2. 各种托辊必须保持转动灵活，无卡阻和异响。 3. 托辊安装整齐，要求无掉辊和缺辊现象。 4. 各种托辊架必须安装齐全，要求无开焊和变形。 5. 调偏架滚轮必须佩戴齐全，滚轮转动灵活可靠	每天
7	拉紧装置	1. 检查拉紧装置的工作状况。 2. 检查拉紧小车在轨道上运行是否良好。 3. 检查拉紧轨道是否被淤煤淹埋及出现底鼓现象。 4. 检查拉紧装置液压站油位，要求达到油尺中间位置，需要加油时把空气过滤器盖拧出后从滤网上加油。 5. 检查液压拉紧装置胶管，要求完好无泄漏	每天

表3-16　输送带周期检查要求

序号	检修部位	检　修　标　准	周期
1	减速器	1. 每月CST滤油一次，每个CST滤油时间不少于30 min。 2. 每月清洗篮式过滤器、Y形过滤器各一次。 3. 每月检查一次滤芯，过滤杂物多时应及时更换。	每月、半年

表 3-16（续）

序号	检修部位	检修标准	周期
1	减速器	4. CST 系统使用专用润滑油，6 个月更换一次。 5. 滚动轴承部位，每月加锂基质润滑脂一次，每次约 25~50 g	每月、半年
2	滚筒	1. 每周检查一次滚筒胶层，有无脱层或裂口，异常磨损，有问题汇报班长和主管区长。 2. 每周检查一次定位螺栓、地脚螺栓，要求螺栓无松动和变形；每半年涂一次黄油防锈。 3. 每三个月给滚筒轴承加油一次，运行中滚筒无异响，温升不超过 75 ℃	每周、季度
3	小车装置	1. 检查拉紧钢丝绳，有无断丝，绳夹是否紧固。 2. 检查手拉葫芦的完好情况。 3. 检查重锤块完好状况	每周
4	输送带	1. 输送带接口实行编号管理，硫化接口每月查验一次。 2. 输送带整体每月查验一次，查看胶面有无刨胶现象，输送带有无异常磨损	每月
5	拉紧装置	1. 检查拉紧装置基础连接地脚螺栓，要求紧固，无松动。 2. 检查拉紧钢丝绳，有无断丝，绳夹是否紧固。 3. 打开液压站箱盖，拆下溢流阀，并清洗溢流阀芯，使之畅通。 4. 每 3 个月检查一次，蓄能器内充气压力为 6~6.3 MPa，当气体压力降至 4.5 MPa 以下时应充气加压	每周、季度

（二）带式输送机故障处理

带式输送机故障处理见表3-17。

表3-17 故 障 处 理

故障现象	故 障 原 因	处 理 方 法
输送带打滑	1. 超载运行或输送带刮卡。 2. 重载启动。 3. 输送带张力不足。 4. 巷道淋水或运输水煤，使滚筒表面沾水。 5. 滚筒表面胶层破损，与输送带的摩擦力减小	1. 减少载荷或处理刮卡部位。 2. 将输送带上的煤炭卸除后再启动输送机。 3. 适当张紧输送带。 4. 处理巷道淋水，禁止运输水煤。 5. 滚筒包胶或更换滚筒
输送带跑偏	1. 机架歪斜，或滚筒、托滚安装不正。 2. 输送带接口不正。 3. 滚筒上沾有煤泥。 4. 装载不正。 5. 张紧装置异常。 6. 驱动滚筒轴线和输送机中心线不垂直。 7. 调偏装置失效	1. 调整机架、滚筒或托辊。 2. 重做输送带接头。 3. 调整清扫器，清除滚筒上的煤泥。 4. 调正给煤机的给料口。 5. 调整张紧装置。 6. 调整找正。 7. 更换调偏装置
输送带断裂	1. 输送带不合格，抗拉强度低。 2. 输送带超期使用，抗拉强度下降。 3. 输送带接口部位强度不足。 4. 重载荷启动输送机。 5. 超载运行或输送带刮卡。 6. 张紧装置的张紧力过大	1. 更换合格的输送带。 2. 定期更换输送带。 3. 重新做输送带接头。 4. 卸掉输送带上的煤炭后再启动输送机。 5. 严禁输送机超载运行，发现输送带刮卡后及时处理。 6. 调整张紧装置

第四章　事故预防和典型事故案例分析

第一节　煤矿生产安全事故及其预防

一、生产安全事故的概念

生产安全事故，是指生产经营单位在生产经营活动中发生的伤害人身安全和健康，或者损坏设备设施，造成经济损失，导致原生产经营活动暂时中止或永远终止的意外事件，包括造成人员死亡、伤害、职业病、财产损失或其他损失的所有意外事件。

二、生产安全事故的类型

1. 按《生产安全事故报告和调查处理条例》分类

根据《生产安全事故报告和调查处理条例》规定，生产安全事故一般分为特别重大事故、重大事故、较大事故和一般事故。造成30人及以上死亡的事故属于特别重大事故，造成10~29人死亡的事故属于重大事故，造成3~9人死亡的事故属于较大事故，造成1~2人死亡的事故属于一般事故。

2. 煤矿事故分类

（1）顶板事故，是指冒顶、片帮、顶板掉矸、顶板支护垮倒、冲击地压、露天煤矿边坡滑移垮塌等，底板事故视为顶板事故。

（2）瓦斯事故，是指瓦斯（煤尘）爆炸、燃烧，煤（岩）与瓦斯突出，中毒、窒息事故。

（3）机电事故，是指机电设备（设施）导致的事故，包括运输设备在安装、检修、调试过程中发生的事故。

（4）运输事故，是指运输设备（设施）在运输过程中发生的事故。

（5）爆破事故，是指爆破崩人、触响拒爆材料造成的事故。

（6）火灾事故，是指煤与矸石自然发火和外因火灾造成的事故，其中煤层自燃未见明火、逸出有害气体中毒视为瓦斯事故。

（7）水害事故，是指地表水、老空水、地质水、工业用水造成的事故及透黄泥、流沙导致的事故。

（8）其他事故，是指以上七类事故以外的事故。

三、生产安全事故的原因

任何事故的发生都是有原因的，生产安全事故也不例外。发生生产安全事故的原因主要包括人的不安全行为、物的不安全状态和管理的缺陷等。

1. 人的不安全行为

（1）麻痹、侥幸心理，工作蛮干，在“不可能意识”的支配下，发生了安全事故。

（2）精神疲惫、酒后上班、班中睡觉、擅自离岗、干与本职工作无关的事，以及工作时注意力不集中，思想麻痹。

（3）不正确佩戴或使用安全防护用品。

（4）操作和作业时，违反安全规章制度和安全技术操作规程，未制定或执行相应的安全措施。

（5）机器在运转时进行检修、调整，清扫等作业。

（6）在有可能发生坠落物、吊装物的地方下冒险通过、停留。

（7）在作业和危险场所随意走、攀、坐、靠的不规范行为。

（8）违规使用非专用工具、设备或用手代替工具作业。

2. 物的不安全状态

(1) 防护、保险、警示等装置缺失或存在缺陷。

(2) 机械、电气设备维护检修不到位，带“病”运转。

(3) 物体的固有性质和建造设计使其存在不安全状态。

(4) 设备安装不规范，或超期使用、部件老化。

3. 管理上的缺陷

(1) 管理人员在思想上对安全工作的重要性认识不足，将其视为可有可无，日常以麻木的心态和消极的行为对待安全工作，安全法律责任意识淡薄。

(2) 规章制度、安全技术操作规程、作业规程、安全技术措施、岗位责任制等，未建立、不健全或不完善。

(3) 管理人员不学习、不理解、不彻底落实企业的各种安全规章制度，只注重生产指标，忽视安全检查、安全教育和隐患排查治理。

(4) 管理人员安全知识不全面，安全管理能力差，安全管理执行力不强。

四、生产安全事故的预防

1. 严格贯彻落实“安全第一，预防为主，综合治理”的安全生产方针

安全生产工作应当以人为本，坚持安全发展，坚持安全第一、预防为主、综合治理的方针，强化和落实生产经营单位的主体责任，建立健全生产经营单位负责、职工参与、政府监管、行业自律和社会监督的机制。

2. 广泛开展安全教育和培训工作

通过安全教育和培训，不断提高从业人员的安全意识和安全素质，加强自主保安和相互保安，认真学习并贯彻落实《煤矿安全规程》、安全技术操作规程和作业规程等“三大规程”，杜绝违章指挥、违章作业、违反劳动纪律等“三违”行为。

3. 认真贯彻落实岗位责任制

岗位责任制是企业根据法律法规建立的针对所有从业人员保证安全生产责任层层落实的制度。只有所有从业人员都按照岗位责任制的要求上标准岗，干标准活，工作中各负其责，才能搞好安全生产工作。

4. 积极开展风险预控、隐患排查治理工作

煤矿作业过程中存在很多风险，因此要求作业人员在从事每项工作前，必须充分认识到作业过程中存在的各类风险，并提前采取有效措施，防止发生各类安全事故。同时，工作中还要经常进行隐患排查，发现问题立即解决或汇报，防止隐患演变成事故。

五、事故处理“四不放过”原则

发生事故后，必须按照“四不放过”的原则进行处理，其具体内容是：事故原因没有查清不放过，事故责任人没有受到处理不放过，事故责任人和广大群众没有受到教育不放过，没有采取防范措施不放过。

1. 事故原因没有查清不放过

发生事故后，必须查清事故的直接原因和间接原因，只有这样，才能根据事故原因制定相应的防范措施，杜绝类似事故再次发生。

2. 事故责任人没有受到处理不放过

发生事故后，或者对人员造成了伤害，或者造成了财产的损失，影响了生产经营单位的经济利益，因此必须严格按照安全事故责任追究的规定和有关法律法规的要求对事故责任人进行处理。对于触犯刑法的，还要依法追究其刑事责任。

3. 事故责任人和广大群众没有受到教育不放过

发生事故后，必须对事故责任者和广大群众进行安全教育，使事故责任者和广大群众了解事故发生的原因、造成的危害和防范措施，并认真吸取教训，防止类似事故在本岗位和其他相关岗

位再次发生。

4. 没有采取防范措施不放过

发生事故后，必须根据事故原因，制定、采取相应的防范措施，以达到防止事故再次发生的目的。

第二节　典型事故案例

一、绞车跑车事故

1. 事故经过

×日早班，副井液压站电磁阀渗油严重，钳工张××和卢××进行处理，司机把大小罐提至井筒错罐位置，停止油泵，钳工开始处理漏油，当时没有把油路阀门关闭，处理完毕后开始试车，司机启动油泵按钮，在没有给定电流、没有松开制动闸、没有开车信号的情况下绞车突然运行，司机及时踩了脚踏开关紧急停车，绞车已经运行了 8 m 左右，通知电工前来检查处理后，恢复正常。

2. 事故原因分析

(1) 钳工在处理液压站漏油的过程中不细心，没有关闭油路阀门，是造成事故的直接原因。

(2) 提升司机没有提醒钳工关闭油路阀门，没有起到互保作用，是造成事故的间接原因。

3. 事故防范措施

在处理副井液压站故障时，应首先关闭油路阀门，以防发生跑车现象，工作过程中应该细心，并且必须按照程序进行处理，避免误操作。

二、伤工事故

1. 事故经过

2017 年 3 月 22 日两点班班前会由副区长沈××按照程序组织

召开，到现场后，组长吴××安排李××、赵××、贾××和吴××拆除坏托辊安装新托辊。组织现场开工确认后，开始工作。大约 17：20 左右，在 5011-2 皮带 188 号架子处向里送下平托辊时，脚下一滑致使左脚扭伤。

2. 事故原因

（1）直接原因：伤者赵××现场对巷道倾斜角度确认不到位，工作胶靴磨损老化，在向里侧送托辊时脚下一滑，致使左脚扭伤。

（2）间接原因：现场班组长管理人员对赵××在工作中的安全注意事项叮嘱、落实不到位。

3. 防范措施

（1）重新修订完善“上岗危险预知、过程做实确认、动态防范操作”搬运部分安全提示卡，打印下发员工。

（2）制定此项工作的一序一标，各包保负责人组织员工进行现场安全培训。

（3）加强管技及班组长现场对员工时刻进行安全提示和危险预知及行为纠偏培训。

（4）加强员工自身对“上岗危险预知、过程做实确认、动态防范操作”教育，增强员工安全防范意识，加强自主保安及相互保安的能力。

（5）加强员工对工作现场环境进行确认，确保作业顺手。

三、输送带带口撕裂事故

1. 事故经过

2017 年 9 月 18 日 12：19，-950 二采输送机尾司机李××（电工替班）汇报-950 二采输送带带口内侧撕裂 150 mm 左右的一个口子，现场无法开输送带。输送带区调度立即通知值班领导王××和带班班长李××前往处理。经过临时处理至 13：15，开启输送带。

2. 事故原因

（1）人的因素：-950二采输送带两点班检修人员检修查验不到位，隐患未发现，是事故的主要原因。

（2）机械设备因素：输送带带扣经过长时间的使用摩擦，老化松动，是事故的间接原因。

3. 防范措施

（1）加强两点班检修人员责任意识培养，对检修内容进一步细化，对不按要求检修的人员严格考核。

（2）对所有输送带带扣系统排查，发现老化松动现象提前更换。

（3）落实岗位司机班前确认制度，做到确实无隐患后方可开启设备。

参 考 文 献

［1］煤炭工业职业技能鉴定指导中心．矿井维修钳工．北京：煤炭工业出版社，2010.
［2］国家安全生产监督管理局　国家煤矿安全监察局．煤矿安全规程．北京：煤炭工业出版社，2016.
［3］人力资源和社会保障部教材办公室．钳工（初级、中级、高级）．北京：中国劳动社会保障出版社，2007.

附表1　井下常用禁止标志及设置地点

编号	符号、名称	设置地点	编号	符号、名称	设置地点
1		煤矿井口或井下	6		井下运输大巷交叉口、乘车场、扒车事故多发地段
2		人员出入的井口	7		人员出入的井口
3		禁止明火作业的地点	8		井下采掘工作面
4		不允许启动的机电设备	9		入井口、井下工作面
5		变电室、移动电源开关停电检修等	10		井下巷道每隔50 m设一个

附表1（续）

编号	符号、名称	设置地点	编号	符号、名称	设置地点
11		串车提升上下井	15		线路终点和机车禁止驶入地段
12		链板、带式输送机、钢丝绳牵引运输不许跨越的地方，间隔30 m设置	16		井下危险区、爆破警戒处、不兼作行人的绞车道、材料道及禁止行人通道口
13		井下封闭区、瓦斯区、盲巷、废弃巷道及禁止人员入内的地点	17		井下各工序岗位和作业区
14		井下禁止停放车辆的地段	18		井下巷道风门处

附表1（续）

编号	符号、名称	设置地点	编号	符号、名称	设置地点
19		料罐井口	20		井下敷设有电缆、信号线等的巷道内

附表2　井下常用警告标志及设置地点

编号	符号、名称	设置地点	编号	符号、名称	设置地点
1		提醒人们注意安全的场所及设备安置的地方	4		井下仓库、爆炸材料库、油库、带式输送机、充电室和有发火预兆的地点
2		井下瓦斯积聚地段、盲巷口、瓦斯抽放地点、巷道冒高处	5		井下有透水或水患地点
3		井下冒顶危险区、巷道维修地段	6		井下煤（岩）与瓦斯突出危险作业区

附表2（续）

编号	符号、名称	设置地点	编号	符号、名称	设置地点
7	 当心有害气体中毒	井下 CH_4、CO、H_2S、NO_X 等有害气体危险地点	12	 当心发生冲击地压	井下有冲击地压危险的区域
8	 当心爆炸	爆炸材料库、运送炸药雷管的容器和设备上	13	 当心片帮滑坡	井下有片帮、滑坡危险地段
9	 当心触电	有触电危险部位	14	 当心矿车行驶	井下行人巷道与运输巷道交叉处、井下兼作行人的倾斜运输巷道内
10	 当心坠落	建井施工、井筒维修及井内高空作业处	15	 当心绊倒	井下地面有障碍物，绊倒易造成伤害的地方
11	 当心坑洞	井下溜煤眼、溜矿井、溜矿仓	16	 当心滑跌	井下巷道有易造成伤害的滑跌地点

附表2（续）

编号	符号、名称	设置地点	编号	符号、名称	设置地点
17	 当心交叉道口	井下巷道交叉口处	19	 当心道路变窄	井下巷道前方变窄的地段
18	 当心弯道	井下巷道拐弯处	20	 当心机械伤人	有机械伤人危险的地点

附表3　井下常用指令标志及设置地点

编号	符号、名称	设置地点	编号	符号、名称	设置地点
1	 必须戴安全帽	人员出入井口、更衣房、矿灯房等醒目地方	3	 必须携带矿灯	入井口处、更衣室、矿灯房等醒目地方
2	 必须携带自救器	入井口处、更衣室、领自救器房等醒目地方	4	 必须穿戴绝缘保护用品	井下变配电所（硐室）

附表 3（续）

编号	符号、名称	设置地点	编号	符号、名称	设置地点
5	 必须戴防尘口罩	井下打眼施工、炮烟区	9	 必须走人行道	井下人行道两端
6	 必须穿工作服	入井口处、更衣室	10	 必须系安全带	建井施工处、井筒检修地点
7	 必须持证上岗	井口、配电室、炸药库等必须出示上岗证的地点	11	 必须桥上通过	井下设有人行桥的地方
8	 必须加锁	剧毒品、危险品库房等地点	12	 鸣笛	井下机车通过巷道交叉处、道岔口和弯道前 20 ~ 30 m 的鸣笛处

附表4　井下常用路标、名牌、提示标志及设置地点

<table>
<tr><th>编号</th><th>符号、名称</th><th>设置地点</th><th>编号</th><th>符号、名称</th><th>设置地点</th></tr>
<tr><td>1</td><td>
紧急出口</td><td>设在井下采区安全出口路线上(间隔100 m)和改变方向处</td><td>5</td><td>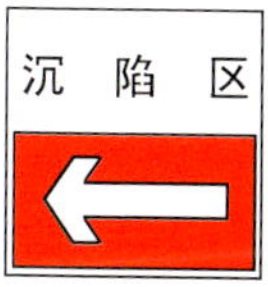
</td><td>井下地表沉陷滑落区</td></tr>
<tr><td>2</td><td>
电话</td><td>井下通往电话的通道上</td><td>6</td><td>
</td><td>井下回风巷道</td></tr>
<tr><td>3</td><td>
躲避硐</td><td>井下通往躲避硐室的通道及躲避硐室入口处</td><td>7</td><td>
</td><td>井下风门、交叉道口、弯道、车场、翻罐等须减速慢行地点</td></tr>
<tr><td>4</td><td>
急救站</td><td>井下通往急救站的通道上</td><td>8</td><td>
</td><td>井下爆破警戒线处</td></tr>
</table>

附表 4（续）

编号	符号、名称	设置地点	编号	符号、名称	设置地点
9	进 风 巷 道 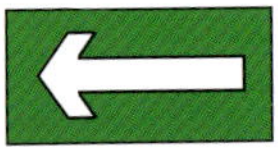	井下进风巷道	12	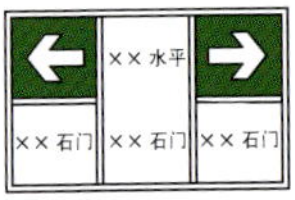	××水平大巷
10	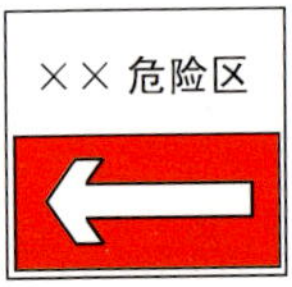	井下火灾、瓦斯、水患等危险区附近	13		根据需要自行设置
11	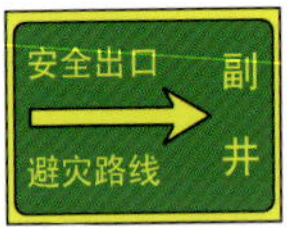	通往安全出口的巷道	14	避有毒有害气体路线 	井下躲避有毒有害气体路线的通道上